植物生理学实验指导

陈建勋　王晓峰　主编

华南理工大学出版社
SOUTH CHINA UNIVERSITY OF TECHNOLOGY PRESS
·广州·

内 容 简 介

本书主要介绍植物生理学的水分生理、矿质营养生理、光合作用、呼吸作用、生长发育、植物生长调节物质及抗性生理学等实验技术。附录部分包括各种常用数据表及常用仪器的使用方法等，可供读者查阅。本书相当部分实验均经过华南农业大学植物生理教研室多年实验教学及科研的反复验证，比较成熟，同时也参考了其他一些研究方法，供读者选择使用。

本书可供农林院校有关专业的大学本科生阅读，也可供其他植物生理学工作者参考使用。

图书在版编目（CIP）数据

植物生理学实验指导/陈建勋，王晓峰主编. —广州：华南理工大学出版社，2015.3
（2022.8 重印）

ISBN 978 - 7 - 5623 - 4581 - 7

Ⅰ.植⋯ Ⅱ.①陈⋯②王⋯ Ⅲ.植物生理学-实验-高等学校-教材 Ⅳ.①Q945 - 33

中国版本图书馆 CIP 数据核字（2015）第 050242 号

植物生理学实验指导

陈建勋　王晓峰　主编

出 版 人：柯 宁
出版发行：华南理工大学出版社
（广州五山华南理工大学 17 号楼，邮编 510640）
http://hg.cb.scut.edu.cn　　　E-mail：scutc13@scut.edu.cn
营销部电话：020-87113487　87111048（传真）
责任编辑：詹志青
印 刷 者：广州小明数码快印有限公司
开　　本：787mm×1092mm　1/16　印张：7.25　字数：180 千
版　　次：2015 年 3 月第 1 版　2022 年 8 月第 5 次印刷
印　　数：2001～3000 册
定　　价：15.00 元

前　言

　　植物生理学实验是植物生理学课程教学的重要组成部分，旨在加深学生对植物生理学理论知识和实验基本原理的理解。实验不仅可以加强学生的实验操作技能，而且可以培养学生严谨的科学作风，对提高学生分析问题和解决问题的能力具有十分重要的作用。为适应我国高等农业院校植物生理学教学改革和发展的需要，华南农业大学植物生理学教研室根据几十年来的教学经验和实践，在原有教材的基础上重新组织力量编写了这本实验指导教材。

　　本书的内容涉及植物生理学的水分生理、矿质营养生理、光合作用、呼吸作用、生长发育、植物生长调节物质、抗性生理以及分子生物学等实验技术。按照农业院校所设专业教学计划的安排，并充分考虑到学校实验设备的实际情况以及学科发展的需要，本书主要以容易采摘及种植的植物材料为研究对象，所选实验是多年来在教学和科学研究中较为成熟的实验方法。对于学校开设的常规实验，我们力求更加具体，可操作性更强，适合初学者使用。同时，在实验选择上充分考虑到农业院校不同层次学习者的需要，增加了部分分子生物学的内容，以供高年级本科生及研究生的高级植物生理学实验课使用。

　　本书参加编写的人员有（按姓氏笔画排列）：王晓峰、王曼、卢少云、刘伟、刘慧丽、叶蕙、陈巧玲、陈建勋、张雪莲、庞学群、罗玉容、陶利珍、钱春梅等。全书由陈建勋负责统稿。

　　尽管我们希望本书能够较好地体现农科院校的特色，满足教学需要，但由于我们水平有限，书中不足之处仍在所难免，希望读者多多指教。

陈建勋　王晓峰

2015 年 1 月于华南农业大学

目　　录

植物生理实验室规则

1. 实验室必须保持安静、整洁。

2. 除指定的仪器外，不得动用其他仪器。使用仪器前，应了解其性能和操作方法，并注意爱护；使用完毕，应记录仪器使用情况。

3. 使用药品和试剂应注意安全，公用药品必须在原来放置的地方取用，并注意节约。

4. 实验材料严禁倒入水槽内，有腐蚀性的废液必须小心倾倒入废液桶（以便做统一处理）。

5. 实验过程要小心谨慎，万一损坏仪器设备，应如实报告教师，并办理登记手续。如属违反操作规则而造成损失，视情节轻重赔偿或处分。

6. 实验完毕，应清洗玻璃仪器、收拾台面，值日生应负责整个实验室清洁卫生工作（包括关水电、抹台面、扫地、倒垃圾）。

实验 1　植物组织含水量的测定

【实验原理】

植物组织含水量是植物生理状态的一个指标。如水果、蔬菜含水量的多少对其品质有影响，种子含水量对安全贮藏更有重要意义。利用水遇热蒸发为水蒸气的原理，可用加热烘干法来测定植物组织中的含水量。植物组织含水量的表示方法，常以鲜重或干重的百分比表示，有时也以相对含水量表示。后者更能表明它的生理意义。

【仪器设备及用品】

电子天平、干燥器、烘箱、称量瓶、坩埚钳、吸水纸。

【实验步骤】

1. 自然含水量法

（1）称量瓶的恒重：将洗净的两个称量瓶编号，放在 105℃ 恒温烘箱中，烘 2h 左右，用坩埚钳取出放入干燥器中冷却至室温后，在电子天平上称重，再于烘箱中烘 2h，同样于干燥器中冷却称重，如此重复 2 次（2 次称重的误差不得超过 0.002g），求得平均值 m_1，将称量瓶放入干燥器中待用。

（2）将待测植物材料（如叶子等）从植株上取下后迅速剪成小块，装入已知的称量瓶中盖好，在分析天平上准确称取质量，得瓶与鲜样品总质量 m_2，然后于 105℃ 烘箱中干燥 4～6h（注意要打开称量瓶盖子）。取出称量瓶，待其温度降至 60～70℃ 后用坩埚钳将称量瓶盖子盖上，放在干燥器中冷却至室温，再用电子天平称重，然后再放到烘箱中烘 2h，在干燥器中冷却至室温，再称重。这样重复几次，直至恒重为止。称得质量是瓶与干样品总质量 m_3。烘时注意防止植物材料焦化。如系幼嫩组织，可先用 100～105℃ 杀死组织后，再在 80℃ 下烘至恒重。

（3）记录及计算（见表 1）

表 1　测定组织含水量记载表　　　日期_____　　记录人_____

编号	称量瓶重(m_1)	瓶重 + 样品鲜重(m_2)	瓶重 + 样品干重(m_3)

样品鲜重 $m_f = m_2 - m_1$

样品干重 $m_d = m_3 - m_1$

$$含水量\%（占鲜重\%）= \frac{m_f - m_d}{m_f} \times 100\%$$

2. 相对含水量法

相对含水量法是以植物组织的饱和含水量为基础来表示组织的含水状况，因为作为计算基础的组织饱和含水量有较好的重复性，而组织的鲜重、干重不太稳定(鲜重常随时间及处理条件而变化，生长旺盛的幼嫩叶子，常随时间而会显著增加，所以要进行不同时期含水量的对比就不恰当)。一般认为，采用相对含水量表示组织的水分状况比用自然含水量表示好。

(1) 同1，先求得组织鲜重 m_f，然后将样品浸入蒸馏水中数小时，使组织吸水达到饱和状态(浸水时间因材料而定)。取出用吸水纸吸去表面的水分，立即放于已知质量的称量瓶中称重，再浸入蒸馏水中一段时间后取出吸干外面水分，再称重，直至与上次相等为止。此即为植物组织在吸水饱和时的质量，称饱和鲜重 m_t。再如1法将样品烘干，求得组织干重 m_d。$m_t - m_d$ 即为饱和含水量。

(2) 计算

$$相对含水量(组织含水量占饱和含水量的百分比) = \frac{m_f - m_d}{m_t - m_d} \times 100\%$$

实验2 植物组织水势的测定（小液流法）

【实验原理】

测定植物组织水势的方法较多，小液流法是其中一种。本法是将植物组织置于不同浓度（也即不同水势）的蔗糖溶液中，寻找到一种浓度的蔗糖溶液，其水势与植物组织的水势相等，然后计算该浓度蔗糖溶液的水势，从而知道植物组织的水势。

蔗糖溶液的水势 $\Psi_w = \Psi_\pi = -icRT$，其中 i 为解离常数（蔗糖的 $i = 1$），c 为溶液的浓度，R 为气体常数（即 $0.008\ 314\ L \cdot MPa/(mol \cdot K)$），$T$ 为绝对温度，即 $273 + t$（测定时的摄氏温度），Ψ_π 为渗透势，单位为 MPa。

如何知道哪一浓度蔗糖溶液的水势与植物组织的水势相等呢？我们知道，水势的高低决定了水分的移动方向。如图1所示，若将植物细胞浸于蔗糖溶液中，当植物细胞的水势大于外界蔗糖溶液的水势时，细胞失水，外界溶液相对密度变小；当植物细胞的水势小于外界蔗糖溶液的水势时，细胞吸水，外界溶液的相对密度变大；只有当植物细胞的水势与外界蔗糖溶液的水势相等时，植物细胞将既不吸水又不失水（实际情况应是吸水和失水达到动态平衡），而蔗糖溶液的相对密度将不发生变化。因此，测定外界蔗糖溶液的相对密度变化就可确定哪一浓度的蔗糖溶液的水势与植物细胞的水势相等。

蔗糖溶液		
植物细胞		
水分移动方向		

细胞 $\Psi_w >$ 溶液 Ψ_w　　　　细胞 $\Psi_w <$ 溶液 Ψ_w　　　　细胞 $\Psi_w =$ 溶液 Ψ_w

图1　植物组织水分移动示意图

测定蔗糖溶液相对密度的变化，可采用如下简便的方法：利用毛细管吸取已浸过植物组织的蔗糖溶液（为便于观察，可用甲烯蓝先染上颜色），放一小滴到与其对应的相同浓度的蔗糖溶液中，然后观察滴出的小液滴（蓝色）的移动方向，即可知道浸过植物组织的蔗糖溶液相对密度的变化（"小液流法"即由此而来）。若小液滴向上移动，则表示浸过植物组织的蔗糖溶液的相对密度变小；相反，向下移动，则表示相对密度变大；若静止不动，则表示相对密度未变化，说明该浓度蔗糖溶液的水势与植物组织的水势相等。

【实验材料】

心叶树藤的叶片。

【仪器设备及用品】

试管架、5 mL 带塞试管 6 支、10 mL 带塞试管 6 支、毛细管 6 支、打孔器、镊子、移液管、吸球等。

【试剂药品】

1 mol/L 蔗糖溶液、甲烯蓝粉末。

【实验步骤】

（1）先取 6 支 5 mL 带塞试管编号，再取 6 支 10 mL 的带塞试管编上相同的号码，与 5 mL 试管对应排列于试管架上。所用试管一定要干燥。

（2）取 1 mol/L 蔗糖溶液作母液，用蒸馏水将其稀释成下列各浓度：0.1，0.2，0.3，0.4，0.5，0.6 mol/L，各 10 mL。然后充分摇匀，加塞。

（3）用移液管从 10 mL 试管中取出不同浓度的蔗糖溶液 1 mL，分别装入相对应的 5 mL 试管中，立即加塞。移液管与浓度一一对应。

（4）取生长状态一致的植物叶片数片（擦干表面水分），在叶片的相同部位（应避免叶脉）用打孔器打取小圆片，用镊子向 5 mL 试管中各投入 10 片，使溶液浸没小圆片，加塞放置约 30 min，其间经常摇动小试管，并保持小圆片浸没于溶液中。打取小圆片及投入试管中时，动作应尽量快速，勿使干燥。

（5）到时间后，向 5 mL 试管中各加入甲烯蓝粉末少许（以染成蓝色为度，且各管程度一致），摇匀，使溶液着色。

（6）取干燥毛细管 6 支，分别从 5 mL 试管中吸取蓝色溶液（毛细管的一半以上），用吸水纸将毛细管外壁的蓝色溶液擦干净，插入与 5 mL 试管相对应的 10 mL 试管中，使毛细管内的液面高于试管内的液面 1 cm，然后缓慢放出蓝色溶液一小滴，保持毛细管静止不动（可将毛细管壁靠在试管口上），观察蓝色小液滴的移动方向，再缓慢取出毛细管插回 5 mL 试管中。插入和取出毛细管时动作应缓慢并保持毛细管内溶液不漏出。毛细管与浓度应一一对应。

（7）将蓝色小液滴移动方向填入表 2 中，若小液滴向上移动，则说明叶片组织水势大于该浓度蔗糖溶液的水势；若向下移动则相反；若静止不动，则说明叶片组织的水势与该蔗糖溶液的水势相等；如果在前一浓度中向下移动，而在后一浓度中向上移动，则植物组织的水势可取两种浓度蔗糖溶液水势的平均值。

表 2　小液流法现象观察记载表

蔗糖浓度/（mol/L）	0.1	0.2	0.3	0.4	0.5	0.6
小液滴移动方向						

（8）记录实验时的温度（℃）。

实验 3　蒸腾强度的测定（容积法）

【实验原理】

蒸腾强度是指植物在单位时间内单位叶面积蒸腾的水量，一般用每小时每平方分米所蒸腾的水量（g）来表示，即

$$Q = m/(t \cdot S)$$

式中，Q 为蒸腾强度，$g/(dm^2 \cdot h)$；m 为蒸腾的水量，g；t 为时间，h；S 为叶面积，dm^2。

容积法测定植物的蒸腾强度，是将带叶的植物枝条通过一段乳胶管与一支移液管相连，管内充满水，组成一个简易蒸腾计（如图 2 所示）。蒸腾一定时间（t）后，即可从移液管刻度读出蒸腾失水的容积，换算成质量即为蒸腾的水量（m），然后用叶面积仪测定出枝条中叶的总面积（S）。得到以上数据后，代入上述公式即可求出蒸腾强度。

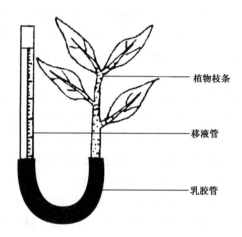

植物枝条

移液管

乳胶管

图 2　简易蒸腾计

【实验材料】

心叶树藤带叶枝条。

【仪器设备及用品】

1 mL 移液管 1 支、铁架台及滴定管夹、乳胶管、剪刀、叶面积仪等。

【实验步骤】

（1）取植物枝条（不能太粗或太细，以能插入乳胶管并保持密封为度），保留几片叶子，然后于水中将枝条剪断，以免导管内进入空气。

（2）先在水盆中将移液管和乳胶管内注满水，然后再于水中将移液管下端与乳胶管一端相连，调节管内水位在 0 刻度以下。

（3）将枝条在水中插入乳胶管的另一端，接口处不能漏水（若漏水可用凡士林封住）。管内务必不能有气泡。

（4）将安装好的简易蒸腾计固定在滴定管夹上成 U 形装置。轻轻擦干叶片下表面水分，开始计时并记下移液管内的初始水位，填入表 3。

表3 蒸腾强度测定记载表

蒸腾开始	时间	
	水位	
蒸腾结束	时间	
	水位	
叶的总面积 S		
蒸腾强度 $Q = m/(t \cdot S)$		

（5）30～60 min 后，记录移液管水位刻度，然后将枝条上的叶子全部剪下，用叶面积仪测出叶片总面积，填入表3。

【思考题】

为何要在水中剪断枝条，以免导管内进入空气？乳胶管内为何务必不能有气泡？

实验 4　植物伤流液的收集及伤流液成分分析

【实验原理】

从植物茎的基部把茎切断，切口不久就有液体流出，这一现象称为伤流。流出的汁液即是伤流液。

根不但是水分和矿质营养的吸收器官，而且还是重要的合成器官，根系吸收的无机盐，有一部分即在根中进行初级同化，转变成有机物并向地上部运输。因此，伤流液中除含有大量水分和无机盐外，还含有少量的有机物。本实验即利用化学反应来检测伤流液中有机物及矿质盐的存在。

（1）硝态氮（NO_3^-）在浓硫酸中能将二苯胺氧化，生成蓝色化合物，因此可利用二苯胺检测伤流液中 NO_3^- 的存在。反应式如下：

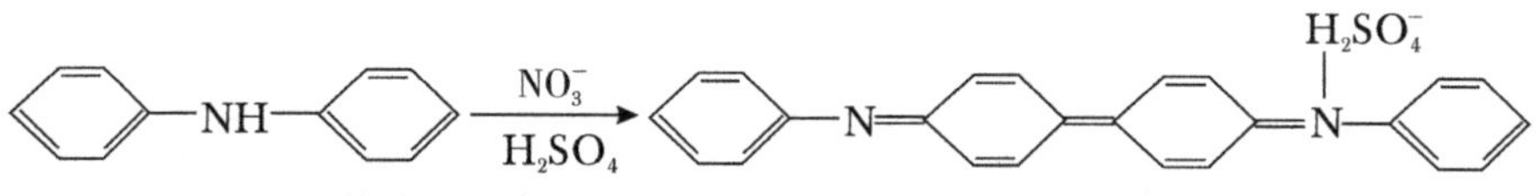

二苯胺（无色）　　　　　　　　　缩二苯胺氧化物（蓝色）

（2）氨态氮（NH_4^+）与萘斯勒（Nessler）试剂（简称萘氏试剂）反应生成红棕色沉淀，在 NH_4^+ 含量很少时，呈黄色，以此鉴定伤流液中 NH_4^+ 的存在，反应式如下：

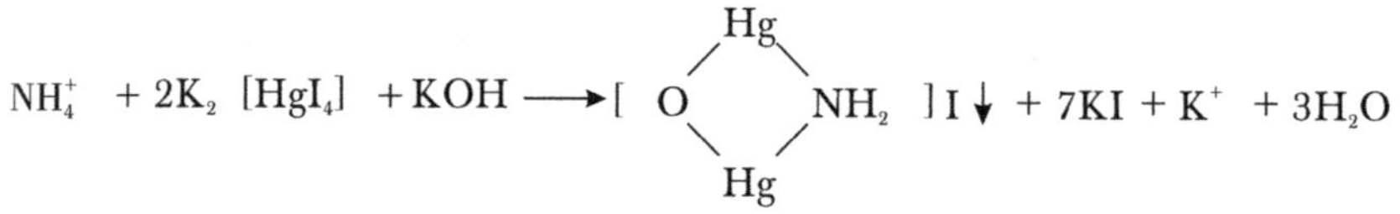

（3）无机磷在适宜的酸性条件下，能与钼酸铵 $[(NH_4)_2MoO_4]$ 作用生成磷钼酸铵 $[(NH_4)_3PO_4\cdot12MoO_3\cdot3H_2O]$，后者又能被还原剂（如抗坏血酸等）还原成蓝色的磷钼蓝 $[(NH_4)_3PO_4\cdot12MoO_2\cdot2H_2O]$。以此可鉴定伤流液中无机磷的存在。

（4）凡含有自由氨基的化合物，与水合茚三酮共热时，能产生紫色化合物，可以以此反应鉴定伤流液中氨基酸的存在。反应式如下：

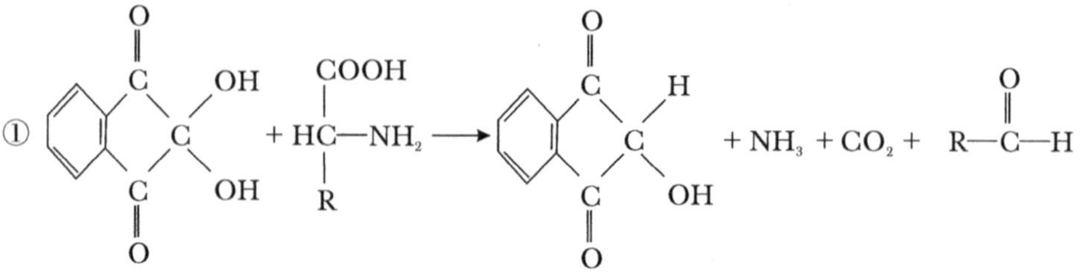

水合茚三酮　　　　　　　还原型水合茚三酮　　　　　　醛类

8

②   +NH₃+ → 蓝紫色化合物 +2H₂O

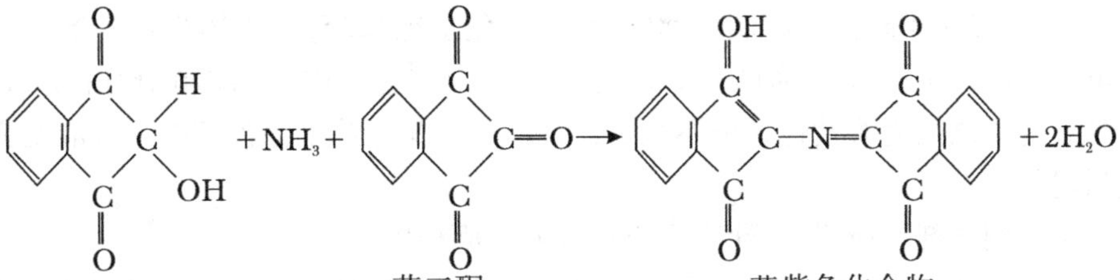

茚三酮   蓝紫色化合物

（5）在浓硫酸的脱水作用下，蒽酮能与糖（包括多糖在内）作用生成蓝绿色的糠醛衍生物，以此可鉴定伤流液中可溶性糖的存在，反应式如下：

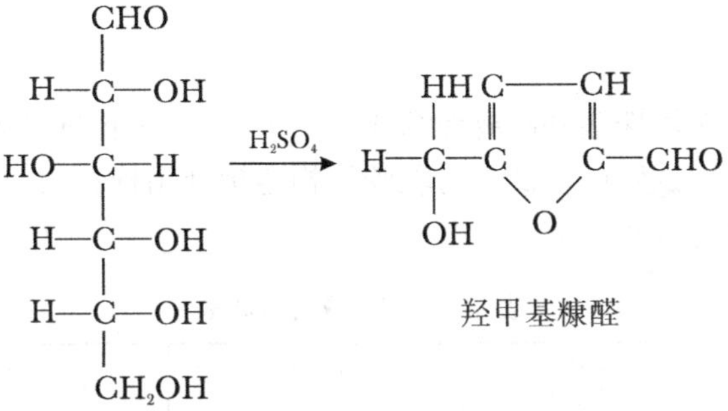

己糖 →(H_2SO_4)→ 羟甲基糠醛

羟甲基糠醛 + 蒽酮 → 糠醛衍生物（蓝绿色）

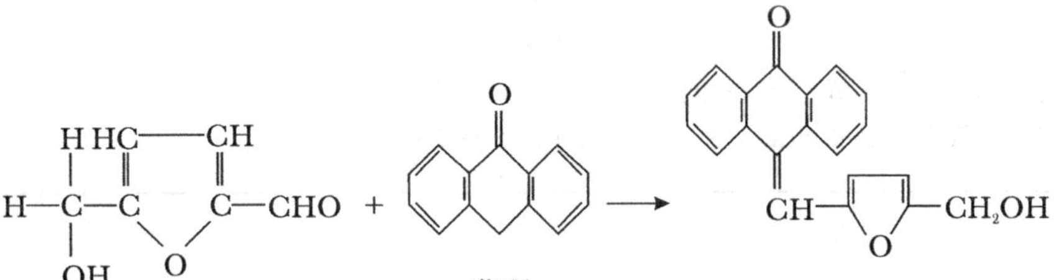

【实验材料】

玉米苗。

【仪器设备及用品】

中试管 2 支、小试管 1 支、滴管 1 支、乳胶管、刀片、脱脂棉、白瓷板。

【试剂药品】

①二苯胺试剂：0.05～1.00 g 二苯胺溶于 10 g 浓硫酸中。

②萘氏试剂：11.5 g HgI₂，8 g KI，溶于 50 mL 蒸馏水中，再加入 50 mL 6 mol/L NaOH 溶液。若产生沉淀可以过滤。装于棕色瓶中暗处保存。

③定磷试剂：按以下顺序及体积比将各试剂混合：蒸馏水：12 mol/L 硫酸：2.5% 钼酸铵：10% 抗血酸 = 2∶1∶1∶1。12 mol/L 硫酸的配制：166 mL 相对密度为 1.84 的硫酸，在搅拌中逐渐加入 500 mL 蒸馏水中，冷却后，移入 1000 mL 容量瓶中，加水至刻

度，摇匀。2.5%钼酸铵的配制：称取钼酸铵（化学纯）2.5g，先用少量蒸馏水溶解，再定容至100 mL。10%抗坏血酸须临时配制，并于棕色瓶中（在冰箱中可存放 1 个月）。新配制的定磷试剂为淡黄色，极不稳定，每日须新配并贮于棕色瓶中，溶液变为棕色则不能利用。

④茚三酮试剂：1g 茚三酮溶于 100 mL 95% 酒精中。

⑤蒽酮试剂：将 760 mL 浓硫酸（相对密度为 1.84）用蒸馏水稀释至 1000 mL，加入 2g 蒽酮至溶解。

【实验步骤】

1. 伤流液的收集

于实验前一天，在植株茎基部离地约 3cm 处切断，留下的切茎立即用乳胶管套上，胶管的另一端伸入中型试管中，试管与乳胶管相连接处用棉花封闭。

2. 伤流液成分分析（见表 4）

表 4　伤流液成分分析表

伤流液用量	加入试剂	反应条件	现　象	解　释
3 滴于小试管中	二苯胺 6～10 滴			
1 滴于白瓷板上	1 滴奈氏试剂	稍加热		
5 滴于小试管中	15 滴定磷试剂	稍加热		
10 滴于小试管中	3 滴水合茚三酮	沸水浴 5～10 min		
0.5 mL 于中试管中	3 mL 蒽酮试剂	沸水浴 5～10 min		

实验5 植物的溶液培养及缺素培养

【实验原理】

溶液培养法是鉴别各种矿质元素是否为植物必需元素的主要方法。本实验有意识地配制各种缺乏某种矿质元素的培养液，观察植物在这些培养液中所表现出来的各种症状，加深对各种矿质元素生理作用的认识。

【实验材料】

3片叶的玉米幼苗。

【仪器设备及用品】

5 mL移液管10支、1 mL移液管1支、1000 mL量筒1个、培养瓶7个、玻管7支、脱脂棉花、吸球、pH试纸。

【试剂药品】

硝酸钾、硫酸镁、磷酸二氢钾、硫酸钾、硝酸钠、磷酸二氢钠、硝酸钙、氯化钙、硫酸亚铁、硼酸、氯化锰、硫酸铜、硫酸锌、钼酸、盐酸、乙二胺四乙酸二钠（Na_2EDTA）（以上各药品均为分析纯）。

【实验步骤】

（1）配制各大量元素及微量元素的贮备液（母液）各1 L，用蒸馏水按表5配制。

表5 大量元素及微量元素配制表

大量元素		微量元素	
药品名称	浓度/(g/L)	药品名称	浓度/(g/L)
$Ca(NO_3)_2 \cdot 4H_2O$	236	H_3BO_3	2.860
KNO_3	102	$MnSO_4$	1.015
$MgSO_4 \cdot 7H_2O$	98	$CuSO_4 \cdot 5H_2O$	0.079
KH_2PO_4	27	$ZnSO_4 \cdot 7H_2O$	0.220
K_2SO_4	88	H_2MoO_4	0.090
$CaCl_2$	111		
NaH_2PO_4	24		
$NaNO_3$	170		
Na_2SO_4	21		
Fe – EDTA：			
Na_2EDTA	7.45		
$FeSO_4 \cdot 7H_2O$	5.57		

配备以上贮备液后，再按表6配成完全培养液和缺乏某种元素的培养液（用蒸馏水）。营养液配好后，测定每瓶溶液的 pH 值，用 0.1 mol/L NaOH 或 0.1 mol/L HCl 调节到 pH5～6。

表6　完全培养液及缺素培养液配方

贮备液	每1000 mL 培养液中贮备液的用量/mL						
	完全	缺 N	缺 P	缺 K	缺 Ca	缺 Mg	缺 Fe
$Ca(NO_3)_2$	5	—	5	5	—	5	5
KNO_3	5	—	5	—	5	5	5
$MgSO_4$	5	5	5	5	5	—	5
KH_2PO_4	5	5	—	—	5	5	5
K_2SO_4	—	5	1	—	—	—	—
$CaCl_2$	—	5	—	—	—	—	—
NaH_2PO_4	—	—	—	5	—	—	—
$NaNO_3$	—	—	—	5	5	—	—
Na_2SO_4	—	—	—	—	—	5	—
Fe – EDTA	5	5	5	5	5	5	
微量元素	1	1	1	1	1	1	1

（2）将以上配制的培养液各1000 mL分别加入培养瓶中，如果培养瓶是透明的，瓶外加黑色布套，并用打了孔的盖盖上，然后把植株用棉花通过小孔固定在盖上，使整株根系浸入培养液中，装好后把培养瓶放在阳光充足、温度适宜（20～25℃）的地方。在盖的孔中插入玻璃管，以利通气。

（3）实验开始后每两天观察一次，打气，如培养液的液面降低，要加培养液补足。要经常补充空气。

（4）密切观察并记录各处理玉米的生长情况、各种缺素症状和进展，填写表7。

表7　植物生长状况记载表

日期/d	处理（生长情况、缺素症状）						
	完全	缺 N	缺 P	缺 K	缺 Ca	缺 Mg	缺 Fe
2							
4							
6							
8							
10							
12							
14							
16							

实验6 植物体内硝酸还原酶活力的测定

【实验原理】

硝酸还原酶（nitrate reductase，NR），是植物氮代谢中十分重要的酶，它催化植物体内的硝酸盐还原为亚硝酸盐，其催化的反应方程式如下：

$$NO_3^- + NADH + H^+ \longrightarrow NAD^+ + H_2O + NO_2^-$$

产生的亚硝酸盐与对－氨基苯磺酸（或对－氨基苯磺酰胺）及 α－萘胺（或萘基乙烯二胺）在酸性条件下定量生成红色偶氮化合物。其反应如下：

红色偶氮化合物

生成的红色偶氮化合物在 540nm 处有最大吸收峰，可用分光光度法测定。NR 活性可由产生的 NO_2^- 的量表示。一般单位鲜重以 μg NO_2^-/(g·h) 为单位。NR 是个诱导酶。在取材的前一天加 50 mmol/L KNO_3 或 $NaNO_3$ 到培养苗的水中就可以诱导酶的产生。NR 的测定可分为活体法和离体法。活体法步骤简单，适合快速、多组测定。离体法复杂，但重复性较好。

一、离 体 法

【实验材料】

材料可选用植物的叶片、茎、根、发芽的种子、离体胚等，以发芽 3～5 d 的水稻或小麦幼苗叶片提取较为简便。

【仪器设备及用品】

冷冻离心机、分光光度计、天平(感量 0.1 mg)、冰箱、恒温水浴锅、研钵、剪刀、离心管、具塞试管、移液管或加样器。

【试剂药品】

① NaNO$_2$ 标准溶液。准确称取分析纯 NaNO$_2$ 0.9857g 溶于蒸馏水后定容至1000 mL，然后再吸取 5 mL 定容至 1000 mL，即为含 NO$_2^-$ 的 1μg/mL 的标准液。

② 0.1 mol/L pH 7.5 的磷酸缓冲液。Na$_2$HPO$_4$·12H$_2$O 30.0905g 与 NaH$_2$PO$_4$·2H$_2$O 2.4965g 加蒸馏水溶解定容至 1000 mL。

③ 1% 磺胺溶液。1.0g 磺胺溶于 100 mL 3 mol/L HCl 中（25 mL 浓盐酸加蒸馏水定容至 100 mL，且为 3 mol/L HCl）。

④ 0.02% 萘基乙烯胺溶液。0.0200g 萘基乙烯胺溶于 100 mL 蒸馏水中，贮于棕色瓶中。

⑤ 0.01 mol/L KNO$_3$ 溶液。2.5275g KNO$_3$ 溶于 250 mL 0.1 mol/L pH 7.5 的磷酸缓冲液。

⑥ 0.025 mol/L pH8.7 的磷酸缓冲液。8.8640 g Na$_2$HPO$_4$·12H$_2$O，0.0570 g K$_2$HPO$_4$·3H$_2$O 溶于 1000 mL 蒸馏水中。

⑦ 提取缓冲液。0.1211g 半胱氨酸、0.0372 g EDTA 溶于 100 mL 0.025 mol/L pH8.7 的磷酸缓冲液中。

⑧ 2 mg/mL NADH 溶液。2 mg NADH 溶于 1 mL 0.1 mol/L pH7.5 磷酸缓冲液中（临用前配制）。

【实验步骤】

（一）标准曲线的制作

取 7 支洁净烘干的 15 mL 刻度试管按表 8 的顺序加入试剂，配成 0~2.0μg 的系列标准亚硝态氮溶液。摇匀后在 25℃下保温 30 min，然后在 540nm 下比色测定。以 NO$_2^-$（μg）为横坐标(X)、吸光度值为纵坐标(Y)建立回归方程。

表 8　配制标准溶液时的各物质加入量

试　剂	管　　号						
	1	2	3	4	5	6	7
NaNO$_2$ 标准液/mL	0.0	0.2	0.4	0.8	1.2	1.6	2.0
蒸馏水/mL	2.0	1.8	1.6	1.2	0.8	0.4	0.0
1% 磺胺/mL	4.0	4.0	4.0	4.0	4.0	4.0	4.0
0.02% 萘基乙烯胺/mL	4.0	4.0	4.0	4.0	4.0	4.0	4.0
每管含 NO$_2^-$/μg	0.0	0.2	0.4	0.8	1.2	1.6	2.0

（二）样品中硝酸还原酶活力的测定

1. 酶的提取

称取 0.5g 鲜样，剪碎于研钵中置于低温冰箱冰冻 30min，取出置冰浴中加少量石英砂及 4.0mL 提取缓冲液，研磨匀浆，转移于离心管中在 4℃、4000r/min 下离心 15min，上清液即为粗酶提取液。

2. 酶的反应

取粗酶液 0.4mL 于 10mL 试管中，加入 1.2mL 0.1mol/L 磷酸缓冲液和 0.4mL NADH 溶液，混匀，在 25℃ 水浴中保温 30min；对照不加 NADH 溶液，而以 0.4mL 0.1mol/L pH 7.5 的磷酸缓冲液代替。

3. 终止反应和比色测定

保温结束后立即加入 1mL 磺胺溶液终止酶反应，再加 1mL 萘基乙烯胺溶液，显色 15min 后于 4000r/min 下离心 5min，取上清液在 540nm 下比色测定吸光度。根据回归方程计算出反应液中所产生的 NO_2^- 总量（μg）。

（三）结果计算

$$单位鲜重样品中硝酸还原酶活性 = \frac{\frac{x}{V_2} \times V_1}{m \times t} \left[μg/(g \cdot h) \right]$$

式中，x 为反应液酶催化产生的 NO_2^- 总量，μg；V_1 为提取酶时加入的缓冲液体积，mL；V_2 为酶反应时加入的粗酶液体积，mL；m 为样品鲜重，g；t 为反应时间，h。

二、活 体 法

【实验材料】

同离体法。

【仪器设备及用品】

真空泵、真空干燥器（或 20mL 注射器筒）、小烧杯、玻璃瓶塞，其他用具同离体法。

【试剂药品】

① $NaNO_2$ 标准液（同离体法）；

② 0.1mol/L KNO_3；

③ 1% 磺胺；

④ 0.02% 萘基二烯胺（配制方法同离体法）；

⑤ 30% 三氯乙酸溶液：30g 三氯乙酸，水溶后定容至 100mL。

【实验步骤】

（一）标准曲线制作（同离体法）

（二）酶反应及活性测定

1. 取样

称取作物叶片 1.0~2.0g 4份，剪成 1cm 左右的小段，放于小烧杯中，用直径略小于烧杯直径的玻璃瓶塞将材料全部压于杯底，其中 1 份作对照，另外 3 份用作酶活性测定。

2. 反应

先向对照管中加入 1mL 30% 三氯乙酸，然后各管中都加入 9mL 0.1mol/L KNO$_3$ 溶液，混匀后立即放入干燥器中，抽气 1min 再通入空气，再抽真空，反复几次，以排除组织间隙的气体，至叶片完全软化沉入杯底，以便底物溶液进入组织。最后通入氮气密封后，在 25℃ 黑暗中反应 0.5h，再分别向测定管（对照管除外）加入 1mL 30% 三氯乙酸终止酶反应。

3. 比色测定

将各管摇匀静置 2min 后，各取 2mL 反应液，加入 1mL 磺胺和 1mL 萘基乙烯胺，摇匀显色 15min 后，于 4000r/min 下离心 5min，取上清液于 540nm 处测其吸光度。根据标准曲线计算出反应液中生成的 NO$_2^-$ 总量（μg）。

【结果计算】

同离体法。

【注意事项】

（1）亚硝酸的磺胺比色法比较灵敏，显色速度受温度和酸度等因素的影响。因此，标准液与样品的测定应在相同条件下进行，方可比较。从显色到比色时间要一致，显色时间过长或过短对颜色都有影响。

（2）硝酸还原酶容易失活，离体法测定时，操作应迅速，并且在 4℃ 下进行。

（3）光对硝酸还原酶有明显影响，因此取样宜在晴天进行，组织和细胞的年龄对酶活力也有影响，因此取样部位应一致。

（4）硝酸盐还原过程应在黑暗中进行，以防亚硝酸盐还原为氨。

【思考题】

测定硝酸还原酶的材料为什么要提前一天施用一定量的硝态氮肥，并且取样应在晴天进行？

实验 7　乙醇酸氧化酶活性的测定

【实验原理】

乙醇酸氧化酶(glycolic acid oxidase，GO)是植物光呼吸代谢中的关键酶，也是光合成草酸的关键酶。乙醇酸氧化酶是以黄素腺嘌呤单核苷酸(FMN)为辅基的氧化酶，它催化乙醇酸氧化生成乙醛酸，也可进一步催化乙醛酸氧化生成草酸，两个反应都伴有H_2O_2的产生。

测定乙醇酸氧化酶的方法有多种，如氧电极法、盐酸苯肼－铁氰化钾比色法、盐酸苯肼紫外分光光度法等。但根据我们多年的经验，酶偶联法是较精确而实用的方法。此法的优点是灵敏、不易受色素干扰，重复性好，结果也易用肉眼判断。但此法可能受粗酶液中过氧化氢酶的干扰，使结果偏低，但只要加入足量的过氧化物酶(一般每管 3～5 单位即可)，在酶浓度不太高的情况下，这种误差可忽略不计。

酶偶联法是利用过氧化物酶及其底物与产生的 H_2O_2 反应后生成有色产物来确立乙醇酸氧化酶催化反应的速率。由下列反应式可知产生多少摩尔的 H_2O_2 也就生成了多少摩尔的乙醛酸。

$$CH_2OH-COOH + O_2 \xrightarrow{GO} CHO-COOH + H_2O_2$$

POD 催化 H_2O_2 同苯酚和 4－氨基安替吡啉(4-amino-antipyrine)，反应生成棕红色醌类物质。

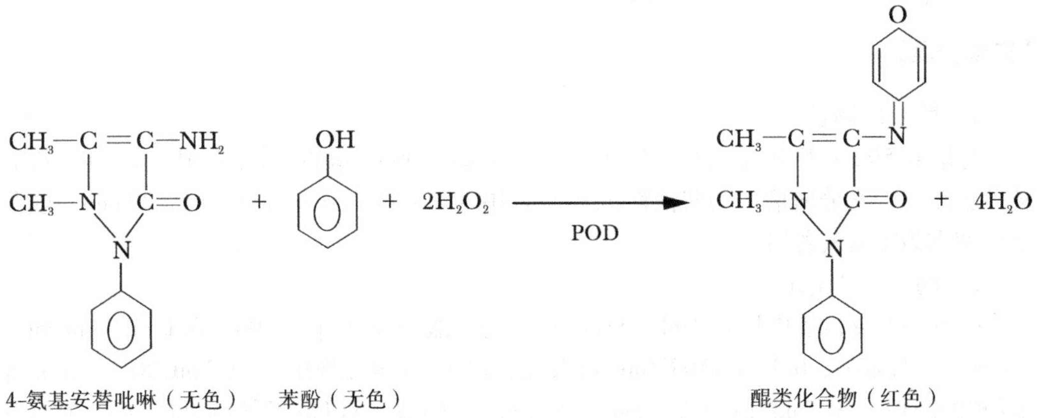

图 3　H_2O_2 酶法测定显色反应式

一些植物的 GO 能氧化乙醇酸生成乙醛酸、氧化乙醛酸生成草酸，并且两种催化活性的比值在酶的纯化及纯化酶的保存过程中保持不变。GO 之所以能够氧化乙醛酸，是因为乙醛酸的水合物与乙醇酸结构相似。

【实验材料】

植物叶片。

【仪器设备】

可见分光光度计、冷冻高速离心机、恒温水浴锅、秒表。

【试剂药品】

① 100 mmol/L 磷酸缓冲液（pH 8.0）。

② 30 mmol/L 4 - 氨基安替吡啉：称 304.88 mg 溶于水，定容到 50 mL。

③ 150 U/mL 辣根过氧化物酶（现配现用）：1 mg 溶于 1 mL 水中。

④ 20 mmol/L 苯酚（现配现用）：称取 0.188 g 苯酚，加入蒸馏水定容至 100 mL。

⑤ 10 mmol/L FMN：0.476 3 g FMN 溶于水，定容至 100 mL。

⑥ 100 mmol/L 乙醇酸：0.380 5 g 乙醇酸溶于水，用 1 mol/L 的 NaOH 调至 pH 7.0，定容至 50 mL。

⑦ 100 mmol/L 乙醛酸：0.460 g 乙醛酸溶于水，用 1 mol/L 的 NaOH 调至 pH 7.0，定容至 50 mL。

⑧ 1 mol/L HCl：取浓 HCl 84 mL，在通风橱中定容至 1000 mL。

⑨ 考马斯亮蓝 G - 250：称取 100 mg 考马斯亮蓝 G - 250，溶解于 50 mL 95% 乙醇中，加入 100 mL 85% 的磷酸，用水定容至 1000 mL，过滤。此试剂常温下可保存 30 d。

⑩ 标准蛋白质溶液：精确称取结晶牛血清蛋白 10 mg，加水溶解并定容至 100 mL，即为 100 μg/mL 的标准蛋白质溶液。

【实验步骤】

1. 酶液的制备

称取 0.50 g 水稻叶片，加入 5 mL 预冷的 100 mmol/L 磷酸缓冲液（pH 8.0）和少许石英砂在冰浴上充分研磨。匀浆液转入离心管中，离心（12 000 r/min，4℃）20 min，收集上清液作为粗酶液备用。

2. 酶活性的测定

分别向两支试管中加入 2 mL 100 mmol/L 的磷酸缓冲液（pH 8.0）、0.1 mL 30 mmol/L 4 - 氨基安替吡啉、0.1 mL 150 U/mL 辣根过氧化物酶（现配现用）、0.3 mL 20 mmol/L 苯酚（现配现用）、0.3 mL 1 mmol/L FMN、0.1 mL 粗酶液（可以适当稀释使其 OD_{520} 值每分钟上升 0.1 个单位左右为宜），摇匀后在 30℃ 恒温水浴中保温 5 min。保温过后向一支试管中加入 0.1 mL 100 mmol/L 乙醇酸（或乙醛酸）启动反应，摇匀后立即测定其在 520 nm 波长下的吸收值的变化，共测 2 min。另一支试管作为参照，加入等体积的蒸馏水代替乙醇酸或者乙醛酸。

18

3．标准曲线的制作

同样程序制备标准曲线，以过氧化氢代替乙醇酸，使其终浓度为 20, 40, 60, 80, 100 μmol/L。

4．酶提取液中蛋白质含量的测定

准确吸取所配粗酶液 0.05 mL，再加入 2.5 mL 考马斯亮蓝 G – 250，摇匀。放置 5 min后在 595 nm 波长下比色测定，1 h 完成比色。以牛血清白蛋白为标准。

5．酶活性的计算

（1）分别计算以乙醇酸、乙醛酸为底物时乙醇酸氧化酶氧化乙醇酸的活性，氧化乙醛酸的活性，以 μmol $H_2O_2 \cdot mg^{-1} protein \cdot min^{-1}$ 表示。

（2）计算氧化乙醇酸活性/氧化乙醛酸活性的比值。

实验 8　氧电极法测定植物光合速率和呼吸速率

【实验原理】

氧电极法是实验室常用的测氧技术，凡是生物体及生活物质的耗氧反应或放氧反应，几乎都可以用氧电极测定。氧电极法具有灵敏度高，操作简便的特点。

氧电极（oxygen electrode），又称 Clark 电极。它是由镶嵌在绝缘材料上的银极（阳极）和铂极（阴极）构成。铂电极面积小，而银电极面积较大。电极表面覆以一层聚四氟乙烯或聚乙烯薄膜，在电极与薄膜之间充以氯化钾溶液作为电解质，两极间加 $0.6 \sim 0.8V$ 的极化电压，透过薄膜进入氯化钾溶液的溶解氧便在铂极上还原：

$$O_2 + 2H_2O + 4e^- = 4OH^-$$

银极上则发生银的氧化反应：

$$4Ag + 4Cl^- = 4AgCl + 4e^-$$

同时在电极间产生扩散电流，此电流与透过膜的氧量成正比。电极间产生的电流信号通过电极控制器的电路转换成电压输出，用自动记录仪记录，再换算成氧量。

由于聚四氟乙烯薄膜只允许氧透过而不能透过各种有机及无机离子，故可排除待测溶液中溶解氧以外的其他成分的干扰。

【实验材料】

待测植物叶片。

【仪器设备】

氧电极系统。

【试剂药品】

① 0.5 mol/L KCl 溶液。

② 亚硫酸钠饱和液（现用现配）。

③ 光合/呼吸速率测定介质：50 mmol/L Tris – HCl 缓冲液（pH7.5），内含 25 mmol/L 的 $NaHCO_3$ 或用 0.1 mol/L 碳酸氢钠缓冲溶液，pH 7.5。

【实验步骤】

1. 仪器安装

整套测氧装置包括氧电极、电极控制器、反应杯、电动磁力搅拌器、电动搅拌器具、超级恒温水浴器、自动记录仪、光源等，按图 4 所示组装成测定溶解氧的成套设备。

各组件的作用或要求如下：

① 氧电极与控制器：用氧电极法测定溶解氧的主要部件为氧电极及电极控制器，后者的作用是给电极提供极化电压，将电极电流转换成适当大小的输出，借记录仪进行记录；调节记录仪的灵敏度和记录笔的位置。

② 自动记录仪：满刻度量程在 10 mV 下的都可用。

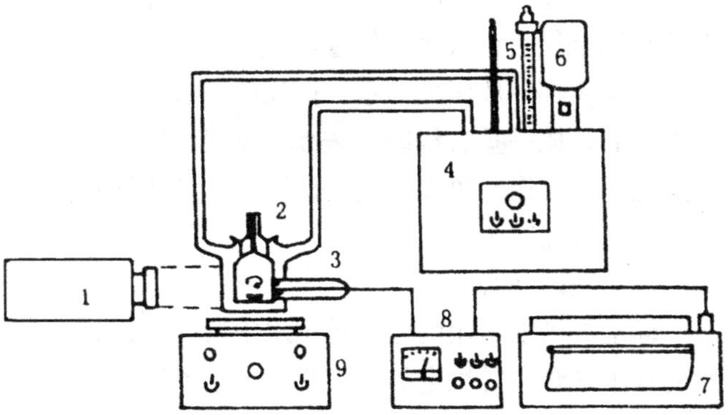

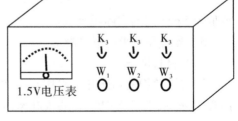

图 4　氧电极测氧装置示意图

1—光源；2—反应杯；3—氧电极；4—超级恒温水浴器；5—电触点温度计；6—电动搅拌器具；7—自动记录仪；8—氧电极控制器；9—电动磁力搅拌器

③ 电动磁力搅拌器：放置反应杯及搅拌反应液用。

④ 超级恒温水浴器：提供恒温循环水以控制反应杯的温度。

⑤ 反应杯：形态大小因实验要求而定。通常由二层玻璃制成，夹层的进出口与恒温水浴相连，以维持所需温度。

⑥ 光源：可用幻灯机聚光灯泡，并于灯前放置方形玻璃缸，盛水以隔热，再于缸后放置一聚光透镜聚光于反应杯上，使光强大于 $900\ \mu mol/(m^2 \cdot s)$。

2. 氧电极的安装

氧电极是由有机玻璃上的银和铂构成，以 0.5 mol/L KCl 溶液为电解质，电极头外覆盖一层聚四氟乙烯或聚乙烯薄膜，其厚度在 $15 \sim 25\ \mu m$ 之间，用"O"形套膜环固定，使电极与被测溶液隔离，而溶解在溶液中的氧仍能透过薄膜，进入电极内。

氧电极在使用前须先用蒸馏水洗净，并吸干水分。装薄膜时将电极向上，滴入 0.5 mol/L KCl 溶液，使之布满电极凹槽，然后覆盖薄膜一片。仔细检查膜内是否残留气泡、薄膜有否破损，如有须换膜重装。

3. 开启仪器

电极控制器：氧电极控制器面板如图 5 所示。控制器有 3 个作用：一是给电极加 0.7 V 左右的极化电压；二是调节输出电压的大小以得到适当的灵敏度；三是调节记录仪上记录笔的位置。

图 5　氧电极控制器面板

K_1—极化电压电源开关；K_2—控制输出开关；

K_3—位移开关；W_1—极化电压电位器；

W_2—灵敏度电位器；W_3—位移电位器；

K_1、W_1—调节极化电压（给电极二极加电场）；

K_2、W_2—控制输出大小（定灵敏度后不动）；

K_3、W_3—移动记录笔位置（加反向电动势）

将电极控制器与氧电极、记录仪连接。调节超级恒温水浴温度，向反应杯通恒温水，并开启电动磁力搅拌器。打开电极控制器面板上的 K_1（见图 5），调节 W_1 使电压表指针在 0.7 V，给电极加上极化电压。新安装的电极常需通电半小时后扩散电流才趋稳定。稳定后，打开记录仪开关，并将电极控制器的 K_2 接通，用 W_2 调节灵敏度。接通 K_3，调节 W_3 便可控制记录仪上记录笔的位置。

在反应杯中放满蒸馏水，待反应杯温度平衡后，调节 W_2 到适当的灵敏度。当记录纸画出的线成一垂直线时，表示已处于稳定状态。此时如停止搅拌，因电极表面氧减少，记录笔后退，再搅拌则指针回升，这表明仪器工作正常，以后就可以进行灵敏度的标定或进行测定了。

4．灵敏度的标定

标定灵敏度常用的方法是用水中溶氧量进行标定。在一定温度和大气压下被空气饱和的水中氧含量是恒定的。表9列出了不同温度下水中氧的饱和溶解度数值。

表9 不同温度下水中氧的饱和溶解度

温度/℃	0	5	10	15	20	25	30	35
$O_2/(\mu mol/mL)$	0.442	0.386	0.341	0.305	0.276	0.253	0.230	0.219

标定 先调节好超级恒温水浴的温度（即测定温度），将蒸馏水放入反应杯中，不盖盖子，任其在大气中搅拌 10 min 左右，使水中溶解氧与大气氧平衡。调节灵敏度电位器 W_2，使记录仪指针接近或达到满刻度（W_2 以后不能再动）。然后在反应杯中加入少许亚硫酸钠（饱和溶液与固体均可），以除尽水中的氧，记录笔退回至"0"刻度附近。根据当时的水温查出溶氧量以及记录笔横向移动的格数，算出每小格代表的氧量。例如，反应体系温度为 25℃，由表9查得饱和溶氧量为 0.253 $\mu mol/mL$，反应体系体积为 3 mL，若此时记录笔在 100 格处，注入亚硫酸钠后退回了 80 格，则每小格代表的溶氧量为

$$0.253 \ \mu mol/mL \times 3 \ mL/80 \ 格 = 0.009\,49 \ \mu mol/格$$

在正式测定时，若加入 3 mL 反应液，经温度平衡后，记录仪记录笔在第 92 格处，经 5 min 反应后，记录笔移到第 66 格，则溶液中含氧量的降低值为

$$(92 - 66) \times 0.009\,49 = 0.393(mol)$$

该值为 5 min 内的实际耗氧量。

5．光合及呼吸速率的测定

（1）材料准备

取待测植物的功能叶，先用真空渗入法使反应介质（50 mmol/L Tris-HCl（pH 7.5），内含 25 mmol/L 的 $NaHCO_3$）渗入叶肉内。取 2 cm^2 大小的下沉叶片，再切成 1 mm × 1 mm 的小块。

（2）呼吸速率测定

用蒸馏水洗净反应杯，加入 3 mL 反应介质（50 mmol/L Tris-HCl（pH 7.5），内含 25 mmol/L 的 $NaHCO_3$）。总面积为 2 cm^2 的叶小块移入反应杯，注意电极下面不得有气泡；开启电动磁力搅拌器和恒温水浴器，经 3～4 min，温度达到平衡；用黑布遮住反应杯，开启记录仪，用移位电位器（W_3）把记录笔调到右端适当的位置。由于叶片呼吸耗氧，记录笔逐渐向左移动。3～5 min 后，记下笔所移动的格数（移动 30～40 小格即可）。

（3）光合速率测定

测完呼吸后，去掉反应杯上的黑布罩，打开光源灯，灯光应通过盛满冷水的玻璃缸射到反应杯上。因"光合滞后期"，需过 1～3 min 后才由耗氧转为放氧。照光 3～5 min 后，由于叶片进行光合作用，溶液中溶氧增加，记录笔逐渐向右移动，记下记录笔的起始位置，待笔移动 30～40 小格时，关闭光源灯，记下笔所走的小格数。

【结果计算】

$$呼吸速率(CO_2 \text{ mg·dm}^{-2}\cdot\text{h}^{-1}) = \frac{a \times n_1 \times 100 \times 60}{A \times t} \times \frac{44}{1000}$$

$$光合速率(CO_2 \text{ mg·dm}^{-2}\cdot\text{h}^{-1}) = \frac{a \times n_2 \times 100 \times 60}{A \times t} \times \frac{44}{1000}$$

式中，a 为记录纸上每小格代表的氧量，μmol，根据灵敏度标定求得；A 为叶面积，cm^2；t 为测定时间，min；44/1000 为 O_2 μmol 换算为 CO_2 mg；n_1 为测呼吸时记录笔向左走的小格数；n_2 为测定光合作用时记录笔向右走的小格数。

【注意事项】

① 氧电极对温度变化非常敏感，测定时需要维持温度恒定。

② 反应杯中不应有气泡，否则会造成指针不稳，记录曲线扭曲。

③ 由黑暗转入光照后，光合作用常有一段滞后期，需延迟数分钟才开始放氧。

④ 电极使用一段时间后，会发生污染，电解液浓度也逐渐改变，灵敏度下降，在使用数天后，需将旧膜拆下，用酒精、氨水或专用清洁剂擦洗电极后重新安装。

⑤ 氧电极不用时应干燥存放。

⑥ 氧电极法测定光合速率的数值通常较空气中低。若反应杯中存在气泡，或叶片切得过大，或搅拌速率不均匀，都会使记录曲线扭曲，应注意避免。

【思考题】

用氧电极法测定光合作用、呼吸作用时，为何必须不断搅拌溶液？如果停止搅拌将会出现怎样的现象？如果搅拌速率不均匀将出现什么情况？

实验 9　考马斯亮蓝 G-250 法测定蛋白质含量

【实验原理】

考马斯亮蓝 G-250（Coomassie brilliant blue G-250）在游离状态下呈红色，与蛋白质结合呈现蓝色。在一定范围内（$1 \sim 1000\,\mu g$），染料与蛋白质复合物在 595 nm 波长下的吸光度与蛋白质含量成正比。考马斯亮蓝 G-250 与蛋白质的结合在 2 min 达到平衡，复合物的颜色在 1 h 内稳定。

本方法操作简便快捷，是一种常用的定量测定蛋白质的方法。

【实验材料】

水稻幼苗叶片。

【仪器设备及用品】

可见分光光度计、电子天平、离心机、具塞试管、刻度试管。

【试剂药品】

① 考马斯亮蓝 G-250：称取 100 mg 考马斯亮蓝 G-250，溶解于 50 mL 95% 乙醇中，加入 100 mL 85% 的磷酸，用水定容至 1 000 mL，过滤。此试剂常温下可保存 30 d。

② 标准蛋白质溶液：精确称取结晶牛血清白蛋白 100 mg，加水溶解并定容至 100 mL，即为 1 000 $\mu g/mL$ 的标准蛋白质溶液。

③ 磷酸缓冲液，pH 7.0。

【实验步骤】

1. 标准曲线的制作

取 6 支具塞试管，按表 10 加入试剂，配制 $0 \sim 1000\,\mu g/mL$ 的牛血清白蛋白溶液各 1 mL。

表 10　牛血清白蛋白溶液的配制

试　剂	管　号					
	1	2	3	4	5	6
蛋白质标准液/mL	0	0.2	0.4	0.6	0.8	1.0
蒸馏水/mL	1.0	0.8	0.6	0.4	0.2	0
蛋白质浓度/(μg/mL)	0	200	400	600	800	1000

准确吸取所配各管溶液 0.1 mL，分别放入 10 mL 具塞试管中，再加入 5 mL 考马斯亮蓝 G-250，盖上塞子，摇匀。放置 5 min 后在 595 nm 波长下比色测定，1 h 完成比色。以牛血清白蛋白含量为横坐标，以吸光度为纵坐标绘制标准曲线。

2. 样品中蛋白质含量的测定

准确称取水稻叶片 200 mg，放入研钵中，加 5 mL 磷酸缓冲液(pH 7.0)，在冰浴中研成匀浆。4 000 r/min 离心 10 min，将上清液倒入 10 mL 容量瓶。再向渣中加入 2 mL 磷酸缓冲液，悬浮，4 000 r/min 离心 10 min，合并上清液，定容至刻度。

另取 1 支具塞试管，准确加入 0.1 mL 样品提取液，加入蒸馏水 0.9 mL 和 5 mL 考马斯亮蓝 G-250 试剂，其余操作与标准曲线制作相同。

【结果计算】

根据所测样品提取液的吸光度，在标准曲线上查得相应的蛋白质浓度，按下式计算：

$$样品中蛋白质含量(μg/g) = \frac{查得的蛋白质浓度(μg/mL) \times 提取液总体积(mL)}{样品重(g)}$$

实验 10 植物呼吸强度的测定（广口瓶法）

【实验原理】

植物进行呼吸时放出 CO_2，测定一定植物材料在单位时间内放出 CO_2 的量，即可测知该植物材料的呼吸强度。测定植物释放 CO_2 的量，可利用过量的 $Ba(OH)_2$ 溶液吸收呼吸过程中释放的 CO_2，然后再用草酸溶液滴定剩余的 $Ba(OH)_2$，即可算出呼吸过程释放的 CO_2 量。具体反应可见下列方程式：

$$Ba(OH)_2 + CO_2 = BaCO_3 \downarrow + H_2O$$
$$Ba(OH)_2 + H_2C_2O_4 = BaC_2O_4 \downarrow + 2H_2O$$

用于吸收呼吸所释放的 CO_2 的 $Ba(OH)_2$ 的量等于空白和样品二者所消耗的草酸的量之差。

【实验材料】

绿豆幼苗。

【仪器设备】

广口瓶呼吸测定装置(见图 6)、电子天平、碱式滴定管、定量加液器。

【试剂药品】

① 1/22 mol/L 的草酸溶液：准确称取重结晶的 $H_2C_2O_4 \cdot 2H_2O$ 5.7290 g，溶于蒸馏水，并定容至 1000 mL，每 1 mL 溶液相当于 2 mg CO_2；

② 0.027 mol/L 氢氧化钡溶液：称取 $Ba(OH)_2 \cdot 8H_2O$ 8.6 g 溶于 1000 mL 蒸馏水中；

③ 酚酞指示剂：1 g 酚酞溶于 100 mL 95% 的酒精中，贮于滴瓶中。

图 6　广口瓶呼吸测定装置
1—碱石灰；2—小篮子；
3—$Ba(OH)_2$ 溶液

【实验步骤】

（1）取 500 mL 广口瓶一个，加一带孔橡皮塞，其中插入有碱石灰的玻璃管。瓶塞下面挂一小篮子，用来装植物材料。整个装置称为"广口瓶呼吸测定装置"。

（2）称取绿豆幼苗 5～10 g，装于小篮子内，将小篮子挂在橡皮塞下方的小钩上，同时用定量加液器加 $Ba(OH)_2$ 溶液 20 mL 于广口瓶内，立即塞紧瓶塞。每 10 min 左右轻轻地摇晃广口瓶，破坏溶液表面的 $BaCO_3$ 薄膜，以利于 CO_2 的吸收，反应半小时。

（3）另取广口瓶一个，以沸水煮死的绿豆幼苗（至少煮10 min）为对照。

（4）反应时间到后，小心打开瓶塞，迅速取出小篮子，加入1～2滴酚酞指示剂，立即用保鲜膜密封瓶口，把滴定管从保鲜膜插入瓶中，用1/22 mol/L的草酸滴定，直到红色刚刚消失为止。记录滴定碱液所消耗的草酸溶液的体积(mL)。

（5）计算呼吸强度(每克组织每小时放出的CO_2质量（mg）)

$$呼吸强度 = \frac{(V_0 - V_1) \times 草酸浓度(mol/L) \times CO_2的摩尔质量}{植物组织质量(g) \times 时间(h)}$$

式中，V_0为煮死的幼苗滴定时所用的草酸溶液的体积，mL；V_1为未煮死的幼苗滴定所用的草酸溶液的体积，mL。

将呼吸强度测定情况记录入表11。

表11　呼吸强度测定情况记录表

材　　料	重量/g	反应时间/min	滴定管初始读数/mL	滴定管终点读数/mL	草酸用量/mL
未煮死的幼苗					
煮死的幼苗					

实验 11　根系生活力的测定（TTC 法）

【实验原理】

根系是植物吸收水分和矿质元素的主要器官，也是许多有机物的初级合成场所，因此，根系的生活力直接影响植物的生长发育，是植物生长发育的重要生理指标之一。具有生活力的根在呼吸代谢过程中产生的还原物质 $NAD(P)H + H^+$ 等，能将无色的氯化三苯基四氮唑（TTC）还原为红色的且不溶于水的三苯基甲腙（TTF）。反应式如下：

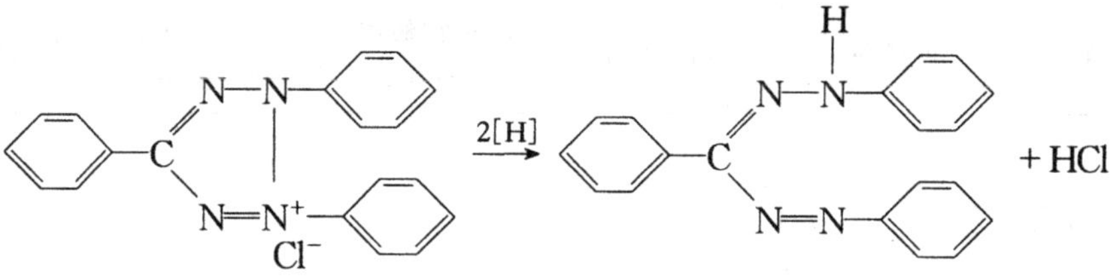

根系的生活力越高，产生的 $NAD(P)H + H^+$ 等还原物质越多，则生成的红色 TTF 越多。TTF 溶于乙酸乙酯，并在波长 485 nm 处有最高吸收峰，因此，可用分光光度法定量测定。根系生活力的大小以其还原四氮唑的能力来表示。

【实验材料】

葱的根系。

【仪器设备及用品】

分光光度计、电子天平、恒温水浴锅、研钵、漏斗 2 个、移液管（5 mL 2 支，2 mL 1 支）、10 mL 比色管若干支、10 mL 容量瓶 2 个、50 mL 烧杯 2 个。

【试剂药品】

① 乙酸乙酯（分析纯）；② 石英砂（分析纯）；③ 硫代硫酸钠（$Na_2S_2O_3$）粉末（分析纯）；④ 0.5% TTC 溶液：准确称取 0.5 g TTC 溶于少量乙醇中，加水定容至 100 mL；⑤ 1/15 mol/L pH 7.0 磷酸缓冲液；⑥ 1 mol/L 硫酸：取相对密度 1.84 的浓硫酸 55 mL，边搅拌边加入到已装有一定量蒸馏水的烧杯中，最后定容至 1000 mL。

A 液：称取 11.876 g $Na_2HPO_4 \cdot 2H_2O$ 溶于蒸馏水中，定容至 1000 mL；

B 液：称取 9.078 g KH_2PO_4 溶于蒸馏水中，定容至 1000 mL。

用时 A 液 60 mL、B 液 40 mL 混合即成。

【实验步骤】

（1）标准曲线的制作：配制浓度为 0, 10, 20, 30, 40 $\mu g/mL$ 溶液，各取 5 mL 放入比色管中。再在各管中加入乙酸乙酯 5 mL 和极少量的 $Na_2S_2O_3$ 粉末（各管中的量要一致），摇匀后即产生红色的甲腙，此时溶液分为水层和乙酸乙酯层，且甲腙会转移到乙酸乙酯层中。转移乙酸乙酯层，再加入 5 mL 乙酸乙酯，振荡后静置分层，取上层乙酸乙酯液即成标准比色系列。以空白作参比，在分光光度计上测定各溶液在波长 485 nm 处的光密度。然后以光密度作纵坐标、TTC 浓度作横坐标，绘制标准曲线。

（2）将根系洗净，擦干表面水分，然后称取两份重量相等的根组织各 0.3 g，第一份作为测定样品；第二份先加入 1 mol/L 硫酸 2 mL，3 min 后倒掉硫酸，用自来水冲洗干净后作为空白对照。

（3）然后分别向两支比色管中加入 0.5% TTC 溶液 5 mL 和 1/15 mol/L pH 7.0 磷酸缓冲液 5 mL，把根系充分浸没在溶液内，在 37℃ 水浴中保温 1 h 后向第一份样品管加入 1 mol/L 硫酸 2 mL，以终止反应。

（4）分别从两支比色管中将根取出，用自来水冲洗干净，擦干表面水分，置于研钵中，加入 3~5 mL 乙酸乙酯和少量石英砂研磨以提取甲腙。将红色提取液小心移入 10 mL 容量瓶，用少量乙酸乙酯洗涤残渣 2~3 次，最后用乙酸乙酯定容至刻度，用分光光度计在波长 485nm 下比色。

（5）从标准曲线查出提取液 TTC 的浓度，计算四氮唑还原强度，以表示根系活力的大小。

$$TTC\ 还原强度 = \frac{提取液\ TTC\ 的浓度(\mu g/mL) \times 提取液体积(mL)}{根鲜重(g) \times 时间(h)}$$

根 系	根重/g	反应起始时间	反应终止时间	稀释倍数	OD_{485}
未被硫酸杀死的根系					
被硫酸杀死的根系					

【思考题】

为什么要以杀死的根系作为空白对照？

实验 12 多酚氧化酶在植物组织褐变中的作用及控制

【实验原理】

多酚氧化酶(PPO)是植物呼吸作用末端氧化酶的一种,作用是催化多酚类物质的氧化。正常情况下,PPO 与酚类底物被细胞区域化分隔而不发生反应。当植物组织受到损伤或衰老、细胞结构解体时,PPO 与酚类底物接触,酚类物质被催化氧化生成醌类物质,醌类物质再聚合成褐色产物,导致组织褐变。醌类物质对微生物有毒,可防止植物组织感染,因此,PPO 催化的酶促褐变是植物组织的一种保护反应。

植物组织的酶促褐变除与 PPO 有关外,还与过氧化物酶(POD)有关。含高活力 PPO 的植物组织的酶促褐变必然与 PPO 密切相关,利用 PPO 的抑制剂或降低环境的氧浓度,便能有效地控制 PPO 催化的酶促褐变。

【实验材料】

马铃薯。

【仪器设备】

分光光度计、离心机、真空泵。

【试剂药品】

0.1 mol/L 柠檬酸－磷酸缓冲液、邻苯二酚、聚乙烯吡咯烷酮、抗坏血酸、焦亚硫酸钠。

【实验步骤】

1. 植物组织多酚氧化酶的提取与活力测定

取 4 g 植物组织,加入 5 倍量的 0.1 mol/L pH 6.8 柠檬酸－磷酸缓冲液及 0.8 g PVP,冰浴研磨,4 层纱布过滤,10000 r/min 离心 15 min,上清液用于酶活力测定和下述 PPO 抑制试验。3 mL 酶活力测定反应液中含有:缓冲液、10 mmol 邻苯二酚、0.1 mL 酶液。测定 OD_{398} 值的变化,以每分钟 ΔOD_{398} 变化 0.01 表示一个酶活力单位。

2. 抗坏血酸、焦亚硫酸钠对 PPO 催化的酶促褐变的抑制

在 3 mL 酶活力测定反应液中分别加入 100×10^{-6} 的抗坏血酸、焦亚硫酸钠,测定 OD_{398} 值的变化,比较添加抗坏血酸、焦亚硫酸钠前后 PPO 活力的变化。

3. 植物组织酶促褐变的控制试验

马铃薯去皮后,采用真空包装、100×10^{-6} 的抗坏血酸或焦亚硫酸钠溶液浸泡 2 min,以不作任何处理为对照,观察 1d 后马铃薯组织褐变的情况。

实验 13 果胶酶活力的测定

【实验原理】

果胶酶是催化果胶物质水解的酶类。果胶物质是由原果胶、果胶酯酸和果胶酸三种主要成分组成的混合物，果胶酶按其催化分解化学键的不同，可分为果胶(甲)酯酶(PE)和多聚半乳糖醛酸酶(PG)两种。

果胶酯酶催化果胶酯酸(即多聚半乳糖醛酸甲酯)的酯键水解，产生果胶酸和甲醇。可用 NaOH 滴定酶解反应所产生的果胶酸来测定果胶酯酶的活力。

PG 果胶酶催化水解果胶酸(即多聚半乳糖醛酸)的1,4-糖苷键，生成半乳糖醛酸。半乳糖醛酸的醛基具有还原性，可用亚碘酸法定量测定，以产生半乳糖醛酸的多少来表示此酶的活力。

【实验材料】

未成熟的香蕉果实。

【仪器设备及用品】

滴定管、研钵、移液管、三角瓶、恒温水浴箱、容量瓶、离心机、玻璃漏斗。

【试剂药品】

① 0.05 mol/L NaOH 溶液、1 mol/L 硫酸、0.5%可溶性淀粉溶液、1%氯化钠溶液、0.5%中性红乙醇(75%)溶液；

② 1%果胶溶液：称取果胶粉 1g 于 250 mL 烧杯中，加入 100 mL 0.5% NaCl 溶液，加热溶解，过滤，冷却，加蒸馏水到 100 mL；

③ 0.05 mol/L 硫代硫酸钠($Na_2S_2O_3$)溶液：称取 12.41 g $Na_2S_2O_3$，用蒸馏水溶解后，用容量瓶定容到 1000 mL，1 周后用重铬酸钾标定；

④ 1 mol/L Na_2CO_3 溶液：称取 53g 无水碳酸钠，于烧杯内用蒸馏水溶解，用容量瓶定容到 500 mL；

⑤ 0.1 mol/L I_2-KI 溶液：称 2.5g KI，溶于 5 mL 蒸馏水中，另取 1.27g I_2，溶于 KI 溶液中，待 I_2 全部溶解后，定容到 100 mL，贮存于棕色试剂瓶中；

⑥ 重铬酸钾溶液：将分析纯的重铬酸钾置于 105℃烘箱内烤 2h，后移入干燥器内冷却到室温，准确称取重铬酸钾 2.4520 g，用蒸馏水溶解，用容量瓶定容到 100 mL，此液的浓度约为 0.0083 mol/L；

⑦ 硫代硫酸钠浓度的标定：取 3 个 100 mL 的三角瓶，各加入 10 mL 蒸馏水、0.1g KI、10 mL 重铬酸钾溶液和 1 mol/L HCl 于三角瓶内，当 KI 溶解后，立即用硫代硫酸钠

滴定，当滴至溶液微黄时，加入 1～2 滴 0.5% 淀粉溶液，继续滴定到蓝色突然消失，记录硫代硫酸钠的用量，求出平均值，计算硫代硫酸钠的浓度。

【实验步骤】

1. 酶液的制备

取香蕉果实 25g，切碎，加入 25 mL 1% NaCl 溶液，匀浆，匀浆液全部转入离心管中，于 4 000 r/min 离心 10 min，上清液移入 100 mL 容量瓶中。再用 20 mL 0.5% NaCl 溶液提取沉淀两次，提取液并入容量瓶中，用 0.5% NaCl 溶液定容到 100 mL。此液为粗酶液。

2. 果胶甲酯酶(PE)活力的测定

取 20 mL 含 0.5% NaCl 的 1% 果胶溶液 2 份，放入 100 mL 三角瓶中，加入 2 滴中性红溶液，用 0.05 mol/L NaOH 滴定到红色刚刚消失。将三角瓶放入 30℃ 恒温水浴中预热 3 min，加入 1 mL pH 7.0 的酶液，摇动，立即计时，观察颜色的变化。待红色出现后，滴加 0.05 mol/L NaOH 到红色消失。重复此步操作，实验进行 30 min，记录 30 min 内滴加的 NaOH 量。加入的 NaOH 的物质的量，就是酶解后释放的游离羧基的物质的量。

3. 多聚半乳糖醛酸酶(PG)活力的测定

取 10 mL 1% 果胶溶液 4 份，分别放入 250 mL 三角瓶中，加 5 mL 水，调 pH 值到 3.5。其中两瓶加入 10 mL pH3.5 的酶液，另两瓶加入 10 mL 预先在沸水浴中钝化过的酶液(pH3.5)，作为对照处理，于 50℃ 水浴中保温 2 h。反应结束后，取出三角瓶，将两瓶含活酶液的样品放入 100℃ 沸水浴中加热 5 min，然后用冷水冷却到室温。

向每瓶加入 5 mL 1 mol/L Na_2CO_3、20 mL 1 mol/L I_2-KI 溶液，加塞，室温下静置 20 min。待反应结束后，向每瓶内加入 10 mL 1 mol/L H_2SO_4。用 0.05 mol/L 硫代硫酸钠滴定到淡黄色，加 3 滴 0.5% 淀粉溶液，再用硫代硫酸钠继续滴定到蓝色消失。

4. 酶活力的计算

(1) 计算酶的粗提液中果胶甲酯酶的活力

以每毫升酶液每分钟内释放 1 mmol CH_3O^- 为 1 个酶活力单位。

$$PE\ 酶活力单位\ (mmolCH_3O^-/min) = \frac{0.05 \times V_1}{V_2 \times t}$$

式中，0.05 为 NaOH 的浓度，mol/L；V_1 为消耗的 NaOH，mL；V_2 为反应系统内加入酶液的体积，mL；t 为酶促反应时间，min。

(2) 计算酶的粗提液中 PG 酶的活力

以每毫升酶液 1h 内催化产生 1 mmol 游离半乳糖醛酸为 1 个酶活力单位。

$$PG\ 酶活力单位\ (mmol\ 半乳糖醛酸/h) = \frac{0.51 \times (V_3 - V_4) \times c}{V_2 \times t}$$

式中，V_3、V_4 为样品和对照消耗硫代硫酸钠的体积，mL；c 为硫代硫酸钠的浓度；V_2 为反应系统内加入酶液的体积，mL；t 为酶促反应时间，h；0.51 为 1 mmol/L 硫代硫酸钠相当于 0.5～1 mmol/L 游离半乳糖醛酸。

实验 14　花色素苷的提取、含量测定及不同 pH 下的光谱分析

【实验原理】

花色素苷（anthocyanin）是一类水溶性黄酮植物色素，它存在于植物的液泡，赋予水果、蔬菜、花卉红色、蓝色、粉红、紫色等五彩缤纷的颜色，也为现代食品工业提供诱人的天然食用色素。与人工合成的食用色素相比，花色素苷具有营养、保健和安全等特点。

花色素苷是一种糖苷，其非糖部分称为花色素（anthocyanidin）。花色素的母核为2-苯基苯并吡喃，不同花色素是苯并吡喃环 3,5,7 的羟基取代物和 2-苯环 3,4,5 的羟基或甲氧基取代物（见图 7）。游离的花色素极偶见，常与一至几个单糖以 β-糖苷键形成花色素苷，成苷位置在 3 位和 5 位，最常见成苷的单糖是葡萄糖，另外还有鼠李糖、半乳糖、木糖和阿拉伯糖。成苷的二糖主要有芸香二糖和芦丁糖。

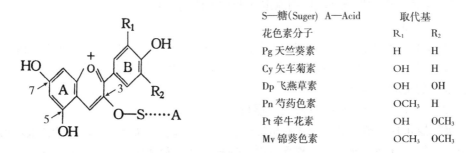

S—糖(Suger)　A—Acid	取代基	
花色素分子	R_1	R_2
Pg 天竺葵素	H	H
Cy 矢车菊素	OH	H
Dp 飞燕草素	OH	OH
Pn 芍药色素	OCH_3	H
Pt 牵牛花素	OH	OCH_3
Mv 锦葵色素	OCH_3	OCH_3

图 7　花色素苷分子结构图

花色素苷的颜色归因于其发色团——花色素。不同的花色素具有不同的颜色，如天竺葵素、矢车菊素和芍药素为红色，飞燕草素为蓝色，牵牛花素为紫色。即使是同一花色素的颜色也会有变化，主要是受介质 pH 的影响，偏酸性时呈红色，偏碱性时呈蓝色。另外，介质中的金属离子、辅色素也会影响花色素苷的颜色。因此，植物界呈现丰富多彩的颜色。

本实验根据花色素苷可溶于水和在低 pH 下较稳定、带正电荷等特性，用 0.1 mol/L 的 HCl 浸提花瓣花色素苷，花色素苷在不同的 pH 下呈现不同的颜色是因为花色素苷在不同的 pH 下呈不同的结构。在 pH < 3 下，花色素苷以红色的锌盐阳离子存在；随着 pH 升高至 4~5，红色的阳离子转变成无色的非离子型，继而转变成假碱式花色素苷；当 pH > 7 时，花色素苷以蓝紫色的阴离子存在。在一定 pH 下，花色素苷的两种结构之间存在动态平衡，它们之间的比例由具体 pH 而定，例如，pH 1 阳离子比例比 pH 3.5 的高，颜色较红。对不同 pH 下的花色素苷进行光谱分析，可在一定程度上理解花色素苷

在不同 pH 下的颜色与结构的变化。根据花色素苷在 pH1.0 下呈红色，在 510 nm 处有特征吸收峰，而在 pH5.0 下无色的特性，可用 pH 差示法测定花色素苷的浓度，即将提取液分别用 pH1.0 和 pH5.0 的缓冲液稀释后，测定 A510，花色素苷浓度计算公式如下：

$$花色素苷溶液浓度（mg/mL）= \Delta A \times K \times 445.2/29600$$

式中 $\Delta A = A(pH1.0) - A(pH5.0)$；$K$ 为稀释倍数；445.2 为矢车菊素 $-3-$ 葡萄糖苷的分子量（g/mol）；29600 为矢车菊素 $-3-$ 葡萄糖苷的摩尔比吸收系数，$(mol \cdot cm)^{-1}$。

【实验材料】

蓝莓或桑葚果实。

【仪器设备】

层析管（1×40）、旋转蒸发仪、UV2450PC——岛津紫外可见分光光度计。

【实验步骤】

1. 花色素苷的提取

将 3 g 蓝莓捣碎剪碎，加入 10 mL 0.1 mol/L 的 HCl 中浸提过夜，过滤得蓝莓花色素苷提取液。

2. 花色素苷的提取液浓度的测定（两种方法均可）

（1）滤纸过滤法

取 1 mL 提取液，分别用 0.4 mol/L pH1.0 KCl-HCl 的缓冲液和 0.4 mol/L pH 5.0 柠檬酸/磷酸氢二钠缓冲液稀释定容至 5 mL，混匀后，用蒸馏水作对照，测定 A510，计算花色素苷的提取液浓度。

（2）Amberlite XAD - 7 树脂吸附层析法

吸附层析柱一般为玻璃管或有机玻璃管，柱下端有一块烧结玻璃，管内装有吸附层析填料，管顶有磨口塞，通过胶管可进行加样、洗涤和洗脱，管下端为排出管，可用胶管与连接收集器连接。将 Amberlite XAD - 7 树脂用蒸馏水溶胀，沿玻棒慢慢地倒入层析柱，用柱下端胶管的螺旋夹控制出水口较慢的流速，使装填物均匀地自然下降。注意柱的任何部分不能流干，即在柱的表面始终保持着一层水。柱高度可控制在离上端 8 cm 左右。装好后可在柱上端放上一张与柱宽度相近的圆形滤纸。

将蓝莓花色素苷提取液上 Amberlite XAD - 7 树脂吸附层析柱（1.0×40），上完样后用 300 mL 蒸馏水洗柱以除杂质，然后用 0.1% HCl 甲醇洗脱，收集红色的洗脱液，用减压旋转蒸发仪在低于 40℃ 下浓缩和除去甲醇。

3. 花色素苷在不同 pH 下的光谱分析

分别取 1 mL 花色素苷提取液加入 4 mL 0.4 mol/L KCl/HCl pH 1.0、0.4 mol/L 柠檬酸/磷酸氢二钠 pH 3.0、pH 5.0、pH 7.0 的缓冲液，平衡 10 min 后，记录花色素苷在不同 pH 条件下的颜色。用 UV—PC 2450 分光光度计测定花色素苷在不同 pH 下 400～600 nm 的可见光吸收光谱。

【实验结果及分析】

1. 计算蓝莓或桑葚果实花色素苷含量。
2. 分析蓝莓或桑葚果实花色素苷在不同 pH 下的颜色和吸收光谱曲线。

【思考题】

试述花色素苷在不同 pH 下的颜色与吸收光谱之间的关系。

实验 15　生长素类物质对水稻根、芽生长的不同影响

【实验原理】

生长素是第一个被发现的植物激素，对植物生长有很大影响，其作用体现浓度效应。对某器官而言，低浓度表现为促进效应，高浓度起抑制作用。不同的植物或同一植物的不同器官，对不同浓度的生长素反应都有差异。生长素类物质对器官生长有一个最佳促进浓度。不同器官对生长素的敏感性不同，因此最佳促进浓度不同，促进生长的程度亦不同。一般根对生长素的敏感程度要比芽大得多，所以，根所要求的生长素的最适浓度要比芽低得多。萘乙酸（NAA）是一类人工合成的生长素类物质，对根、芽生长的不同影响与生长素一致。本实验将观测不同浓度的萘乙酸对水稻根、芽生长的不同影响。图8所示为植物各器官生长速度与外源生长素浓度的关系。

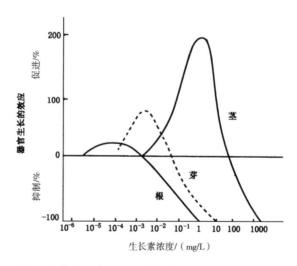

图 8　植物各器官生长速度与外源生长素浓度的关系

【实验材料】

水稻种子。

【仪器设备及用品】

恒温箱、9 cm 培养皿 15 套、10 mL 移液管 2 支、1 mL 移液管 1 支、9 cm 定性滤纸 15 张、镊子一把、直尺。

【试剂药品】

10 mg/L 萘乙酸：称取 10 mg NAA，先用少许酒精溶解，加水稀释并定容到1000 mL，即为 10 mg/L NAA。

【实验步骤】

1. 配制 NAA 浓度梯度

给 15 套培养皿分别编号，在①号皿中加 9 mL 10 mg/L NAA 溶液；在②号皿中加 1 mL 10 mg/L NAA 溶液，再加 9 mL 蒸馏水，混匀，配成 1 mg/L NAA 溶液；从②号皿中吸取 1 mL 于③号皿中，加 9 mL 蒸馏水，配成 0.1 mg/L NAA 溶液；依次配制梯度浓度，使①至⑭号皿中 NAA 浓度分别为 $10, 1, 10^{-1}, 10^{-2}, 10^{-3}, 10^{-4}, 10^{-5}, 10^{-6}, 10^{-7}, 10^{-8}, 10^{-9}, 10^{-10}, 10^{-11}, 10^{-12}$ mg/L，从最后的⑭号皿中吸去 1 mL 溶液。⑮号皿中加入 9 mL 蒸馏水作对照。在每个皿中加入一张滤纸。

2. 种子培养

取大小一致且露白的水稻种子，每皿 10 粒，沿培养皿四周均匀地播开加盖后放入 25℃恒温箱中黑暗培养 3 d。

3. 测定

3 d 后取出各皿中幼苗，量取各粒幼苗的最长根长、芽长。按表 12 的格式，记录数据，并计算平均数。

【结果分析】

作根长、芽长在各 NAA 浓度下的柱形图，分析 NAA 对根、芽生长的不同影响。

【思考题】

（1）生长素是如何促进伸长生长的？

（2）除促进伸长生长外，生长素还有哪些生理作用？

（3）为什么外用生长素类物质时，多用 NAA 和 2,4-D，而 IAA 的使用却比较少？

表 12　不同浓度 NAA 下水稻幼苗根、芽生长的情况　　　　　　　　（单位：mm）

实验组别	NAA 浓度 mg/L	根　长			芽　长			实验组别	NAA 浓度 mg/L	根　长			芽　长		
1	10							9	10^{-7}						
2	1							10	10^{-8}						
3	10^{-1}							11	11^{-9}						
4	10^{-2}							12	10^{-10}						
5	10^{-3}							13	10^{-11}						
6	10^{-4}							14	10^{-12}						
7	10^{-5}							15	0						
8	10^{-6}														

实验 16 植物生长区域的测定

【实验原理】

植物或其各器官的生长常只局限于某些区域，通过对植物生长区域的观察和测定，可以加深对植物生长大周期这个植物生长基本规律的认识。

【实验材料】

绿豆幼苗。

【仪器设备及用品】

培养箱、滤纸、毛笔、绘图墨水、直尺。

【实验步骤】

选择根系生长良好的幼苗 3 株（根长度宜为 1.5～2.0cm）。用滤纸将根表面水分吸干，然后从根尖起，用绘图墨水画线 10 道，彼此间隔 1mm。画线时小心不要使幼根受伤。待墨水干后，把种子放入 20℃铺有湿滤纸的培养皿中，盖上盖，贴上标签，放入 25℃恒温箱中培养，1～2d 后观察根的生长情况。

绘图表示培养前后根的差别，量出各道线间的距离，列表（如表 13 所示）记录，说明根的生长区域在幼根的哪一部分。

表 13　培养后各线段的长度　　　　（单位：mm）

幼根	1	2	3	4	5	6	7	8	9	10
1										
2										
3										
平均值										

实验 17 乙烯对黄瓜雌花的诱导作用

【实验原理】

乙烯是一种气态植物激素，产生于各种植物组织中，是植物体内一种正常的代谢产物，具有多种生理功能，如调节性别转化、诱导雌花形成等。

生产上多用"乙烯利"作为乙烯释放剂，因为乙烯利在 pH > 4.1 的情况下可释放乙烯，采用适宜浓度乙烯利处理可以使瓜类植物雌花数增多，雌花出现更早。

【实验材料】

黄瓜幼苗。

【仪器设备及用品】

滴管、花盆、标签、绳子。

【试剂药品】

100 mg/L 和 200 mg/L 乙烯利溶液(含0.5% 的吐温80)。

【实验步骤】

培养黄瓜幼苗 3 盆，当出现两片真叶时，选择长势一致的幼苗，每盆各留 3 株于晴天下午 4 时左右分别对每盆作如下处理：第一株用蘸有 200 mg/L 乙烯利溶液浸湿的脱脂棉置于生长点；第二株用蘸有 100 mg/L 乙烯利溶液浸湿的脱脂棉置于生长点；第三株用蒸馏水浸湿的脱脂棉置于生长点。

在进行以上处理时，先挂上标签做记号，并且注意液滴必须留在生长点上使之慢慢被吸收 2 d 后将脱脂棉除去，以免影响黄瓜生长。至黄瓜主蔓长到 10 个节位时，实验便可结束。亦可到结果时计算黄瓜产量。

【结果分析】

记录各处理开花情况，如开花日期、开花节位和花朵性别等，记入表 14 中。讨论实验结果。

表14 处理结果记录表

处理	第一节		第二节		第三节		第四节		第五节	
	开花日期	性别	开花日期	性别	开花日期	性别	开花日期	性别	开花日期	性别
CK										
100 mg/L										
200 mg/L										

处理	第六节		第七节		第八节		第九节		第十节	
	开花日期	性别	开花日期	性别	开花日期	性别	开花日期	性别	开花日期	性别
CK										
100 mg/L										
200 mg/L										

【思考题】

（1）除乙烯以外，与植物性别分化相关的植物激素还有哪些？对植物性别的影响怎样？

（2）实验为何要在晴天下午4时左右进行？

实验 18　生长素类与植物生长延缓剂促进绿豆下胚轴插条生根

【实验原理】

植物生长调节剂可促进插条伤口部位根原基的形成或不定根的伸长生长。

【实验材料】

绿豆幼苗。

【仪器设备及用品】

瓷盘、小药瓶、容量瓶、烧杯、刀片。

【实验试剂】

① IBA 溶液：100 mg IBA，用少量95％乙醇溶解，再用蒸馏水定容到1 L，100 mg/L；
② NAA 溶液：2500 mg/L。
③ 多效唑（PP_{333}）溶液：30 mg/L。

【实验步骤】

（1）取新鲜绿豆种子，用清水浸泡6 h。用瓷盘铺一层洗净的河沙，然后将种子平铺，在种子上面盖一层河沙，黑暗中萌发36～48 h，置光照条件下，27℃培养2 d，选择下胚轴长9 cm左右，上胚轴长3～5 cm的绿豆幼苗为实验材料。

（2）取16条长势一致的绿豆苗，从子叶处向下量3～4 cm，切除根，分成4组。

（3）4组绿豆下胚轴插条分别用水、IBA（100 mg/L）、PP_{333}（30 mg/L），及IBA（50 mg/L）+ PP_{333}（15 mg/L）溶液浸泡1 min，然后小心插入小棕色药瓶中，再向瓶中注满蒸馏水。

（4）置光照条件下培养，每日补水一次，6 d后，统计生根范围、生根数和根长度。

【结果与分析】

以列表形式说明实验结果，分析原因。

【思考题】

为何小药瓶要选用棕色的？

实验 19 利用烯效唑培育水稻壮秧

【实验原理】

烯效唑，又名特效唑、高效唑，通用名为 Uniconazole 和 Pentefezol，化学名称为：(E)-1-对氯苯基-2(1,2,4三唑-1-基)-4,4-二甲基-1-戊烯-3-醇。烯效唑的纯品为白色结晶，其熔点为 162～163℃。在 25℃水中溶解度为 8.41 mg/L，易溶于丙酮、甲醇和氯仿等有机溶剂，可用乙醇重结晶纯化。对人畜毒性相当于普通有机物，分解代谢快，土壤中残留少，对后茬作物无"二次控长"现象，也不会有残毒，可以称得上是一种高效低毒的植物生长延缓剂。

用烯效唑处理植株会引起一系列的生理变化，体现在生理指标上主要是叶绿素、还原糖、总糖含量明显增加，同时干物质积累增加，内源激素含量增加（如 CTK）或减少（如 GA）。起到了控制幼苗生长、促根促蘖、延缓发育进程、增强抗逆性的作用，有利于获得壮苗。

阻碍了植物内源 GA 的生物合成从而抑制植物生长是烯效唑的主要作用机理。从组织解剖学和细胞水平上看，烯效唑使植株矮壮的生物学基础是使植株细胞变小，而组织的细胞层数增加；抑制植株伸长生长的原因是细胞长度变短，细胞排列小而紧密，而不是细胞数量减少。也就是说，烯效唑抑制生长的原因是通过改变单个细胞的大小、长度及细胞间的排列程度来抑制节间伸长，而不是延缓细胞分裂。

近几年来，烯效唑作为一种新型的植物生长调节剂，由于其生物活性高、对环境更安全的特性而显示出优越的应用前景，广泛用于水稻、小麦、花生、油菜、大豆等作物培育壮苗、控长促蘖及防倒伏技术，能够很好地改善作物的经济性状，提高抗逆性，提高产量。

烯效唑处理农作物有浸种、蘸秧苗、叶面喷施三种方式。本实验选用浸种和叶面喷施这两种方式分别处理水稻，观察其对水稻的壮秧效果，并比较这两种方式的作用效果。

【实验材料】

（1）材料：水稻种子。

（2）材料的培养：挑选颗粒饱满的供试水稻种子在 25℃下浸种 24 h，取出后置于底部垫有润湿滤纸的培养皿中，放入培养箱中催芽 2 d，萌发后播种于泡沫塑料固定的塑料筛网上，并置于盛水的塑料盆中，然后放入培养箱中，28℃培养，以木村 B 营养液培养，3 d 更换一次营养液。

【仪器设备及用品】

烧杯、量筒、纱网、塑料盆、培养箱、直尺、喷雾器、烘箱、电子天平等。

【试剂药品】

5%烯效唑可湿性粉剂，木村B营养液。

【实验步骤 】

1．材料的处理

（1）烯效唑浸种处理：供试水稻种子用配制好的浓度为15，30，45 mg/L的烯效唑溶液和清水浸种约24 h，后用蒸馏水洗净，置于培养皿中催芽，培养步骤同上。两个星期后测定各项指标。

（2）烯效唑叶面喷施处理：待水稻长到一叶一心期时分别用浓度15，30，45 mg/L的烯效唑溶液喷施叶面，以喷清水的作为对照，每盆大约喷10 mL至叶面挂水珠为止。处理一个星期后测定各项指标。

以上每种处理方法处理50株。

2．指标的测定

（1）根长的测量：每种处理随机选出20株水稻植株，用直尺分别量取其根长（以最长的那根为准），后算出20株的平均值为所要结果。

（2）株高的测量：选20株水稻，用直尺测量植株的茎基部到最高叶片的顶端为株高，算出20株的平均值。

（3）根长与株高的比的计算：植株的根长与株高的比值，较能从整体上反映植株的壮苗和矮化程度，一般比值越大矮化效果越好。

（4）干重的测量：剪取20株水稻的地上部分，用吸水纸吸去表面的水分后用报纸包好放入烘箱，110℃杀青30 min后，于70℃烘干至恒重为干重。

【结果分析】

实验结果填入表15，并进行分析。

表15　实验结果记录表

处理浓度：						处理方法													
编号	1	2	3	4	5	6	7	8	9	10	11	12	13	14	15	16	17	18	19	20
根长 mm																				
株高 mm																				
干重 mg																				

【思考题】

（1）为什么水稻育苗时需要培育壮苗？

（2）烯效唑对水稻的壮苗作用如何？喷施和浸种哪种处理的效果更好？为什么？

（3）与常规的控水、控温技术培育水稻壮秧相比较，利用植物生长调节剂的优势和缺点是什么？

实验 20 水杨酸、多效唑对非洲菊切花的保鲜作用

【实验原理】

非洲菊(*Gerbera jamesonii* Bolus)又名扶郎花，为菊科，扶郎花属多年生草本植物，原产南非。其花朵硕大，花枝挺拔，花色丰富，备受消费者青睐。同时，非洲菊切花率高，栽培管理省工，是重要的切花植物。但非洲菊采后易发生花头下垂、花茎弯折、鲜重丧失、花瓣脱落、萎蔫等现象，给生产经营者造成较大的风险。已有研究表明，蔗糖(SUC)、8 – 羟基喹啉硫酸盐(8 – HQS)、KCl、硼化钠(NaB)、氨氧乙酸(AOA)、AgNO$_3$、3,4,5 – T(2,4,5 – 三氯酚氧乙酸)、多效唑、水杨酸等均可用于非洲菊的保鲜。

【实验材料】

非洲菊。

【仪器设备及用品】

三角瓶、量筒、烧杯、保鲜薄膜、锡箔纸、剪刀。

【试剂药品】

水杨酸、多效唑、蔗糖、8 – 羟基喹啉。

【实验步骤】

1. 材料的处理

选取花朵健壮、外轮舌状花完全开放、内轮管状花开放1～2轮、大小一致的花枝，水中剪切，长度为27 cm左右。选好的非洲菊切花分别插入盛有250 mL不同保鲜剂的500 mL三角瓶中，每瓶3枝，瓶口用塑料薄膜封紧以防水分蒸发，瓶体用锡箔纸包裹避光。重复3次。

保鲜剂配方如表16所示。

表16　保鲜剂配方

处理	保鲜液
CK	蒸馏水
1	3％蔗糖 + 200 mg/L 8 – 羟基喹啉
2	3％蔗糖 + 200 mg/L 8 – 羟基喹啉 + 10 mg/L 多效唑
3	3％蔗糖 + 200 mg/L 8 – 羟基喹啉 + 20 mg/L 水杨酸

置于室内散射光下。

2. 瓶插指标测定

处理当天记为0d，每隔3d测定各指标。

（1）水分平衡：从切花瓶插当天开始，定期测定水分平衡值和鲜重变化率。先称取花枝＋溶液＋瓶重量，以2次连续称量之差为2次称重这段时间内的失水量；同样称瓶＋溶液重量，计算吸水量，吸水量与失水量之差即为水分平衡值。

（2）花枝鲜重：采用称量法，以处理开始时鲜重为基准，计算瓶插期每天鲜重变化率；花径用直尺测量；瓶插寿命：以整朵花中约50%舌状花凋零或花梗折断即为寿命终止。

花枝鲜重变化率(%) = （初始鲜重 – 测定日鲜重）/ 初始鲜重 ×100%

花径变化率(%) = （初始花径 – 测定日花径）/ 初始花径 ×100%

（3）花枝的弯茎程度：

按以下标准确定花枝的弯茎程度：

0级：花梗无任何弯曲，夹角为0°；

1级：花梗弯曲角度与竖直方向夹角在0°～30°；

2级：花梗弯曲角度与竖直方向夹角在30°～45°；

3级：花梗弯曲角度与竖直方向夹角在45°～60°；

4级：花梗弯曲角度与竖直方向夹角在60°～90°；

5级：花梗弯曲角度与竖直方向夹角大于直角或花枝折断。

【结果分析】

将实验结果填入表17～表19，分析水杨酸和多效唑在非洲菊切花保鲜中的作用。

表17　水分平衡　　　　　　　　　　　　　　　　（%）

处理	时间/d							
	0	3	6	9	12	15	18	21
CK								
1								
2								
3								

表18　花枝鲜重　　　　　　　　　　　　　　　（单位：g）

处理	时间/d							
	0	3	6	9	12	15	18	21
CK								
1								
2								
3								

表 19　花枝的弯曲程度　　　　　　　　　　　　　　（单位：(°)）

处理	时间/d							
	0	3	6	9	12	15	18	21
CK								
1								
2								
3								

【思考题】

（1）8－羟基喹啉在切花保鲜液中的作用是怎样的？

（2）水杨酸和多效唑对非洲菊的切花寿命与品质有影响吗？根据你所了解到的它们的生理作用分析可能的原因。

实验21　种子生活力的快速测定（TTC 法）

　　种子生活力（seed viability）是指种子能够萌发的潜在能力或种胚具有的生命力。测定种子生活力常采用萌发实验，即在适宜的条件下，让种子吸水萌发，在规定的时间内统计发芽种子的百分数。但是，采用萌发实验测定种子的生活力所需时间较长，有时在生产上或种子贸易过程中，需要快速地知道种子的生活力，采用萌发实验就无法满足这些要求。另外，处在休眠状态下的种子虽然不能萌发，但仍然具有生活力，显然，采用萌发实验无法测定休眠种子的生活力。而采用以下的化学方法，可以较快地测定种子的生活力。

【实验原理】

　　德国的 G. Lakon 发明的 TTC 法，简单实用，其原理是：有生活力的种子能够进行呼吸代谢，在呼吸代谢途径中由脱氢酶催化所脱下来的氢可以将无色的2,3,5 – 三苯基氯化四唑(2,3,5 – triphenyl tetrazolium chloride，TTC)还原为红色、不溶于水的甲腙，而且种子的生活力越强，代谢活动越旺盛，被染成红色的程度越深。死亡的种子由于没有呼吸作用，因而不会将 TTC 还原为红色。种胚生活力衰退或部分丧失生活力，则染色较浅或局部被染色。因此，可以根据种胚染色的部位以及染色的深浅程度来判定种子的生活力。

【仪器设备及用品】

　　恒温箱、小白瓷碗、镊子、刀片、小烧杯。

【试剂药品】

　　0.5% TTC 溶液：称取0.5 g TTC 放入小烧杯中，先加少许乙醇溶解后，再用蒸馏水稀释定容至100 mL。TTC 溶液最好随用随配，不宜久藏。溶液应遮光贮藏。若已变为红色，则不能继续使用。

【实验步骤】

1. 浸种

将水稻种子用温水(30~35℃)浸泡2~6h,使种子充分吸胀。

2. 显色

随机取吸胀水稻种子20粒,小心剥去种皮,务必不要伤害种胚。然后将处理好的种子置于小白瓷碗中,加入0.5% TTC溶液,以刚好浸没种子为度,于恒温箱(35℃)中保温1h。

3. 统计

染色结束后要立即进行鉴定,因放置太久会褪色。倒出TTC溶液,再用清水将种子冲洗1~2次,观察种胚被染色的情况。凡种胚全部或大部分被染成红色的即为具有生活力的种子,种胚不被染色的为死种子。根据上述标准计算种子的生活力。

实验 22　赤霉素对小麦种子萌发过程中 α‑淀粉酶合成的诱导

【实验原理】

种子萌发过程中贮藏物质的动员，需要在一系列酶的催化作用下才能进行。这些酶有的已经存在于干燥种子中，有的需要在种子吸水后重新合成。种子萌发过程中淀粉的分解主要是在淀粉酶的催化下完成的。淀粉酶在植物中的存在有多种形式，包括 α‑淀粉酶、β‑淀粉酶等。β‑淀粉酶已经存在于干燥种子中，而 α‑淀粉酶不存在或很少存在于干燥种子中，需要在种子吸水后重新合成。禾本科植物种子萌发时 α‑淀粉酶合成的过程如图 9 所示：种子吸水后，胚（A）释放赤霉素到胚乳中并扩散到糊粉层（B）后可诱导 α‑淀粉酶基因的表达，糊粉层中合成的 α‑淀粉酶被分泌到胚乳（C）中，催化贮藏在那里的淀粉分解为还原糖（D）。因此，α‑淀粉酶合成的场所在糊粉层，而且需要由来自胚的赤霉素诱导。胚分泌赤霉素的功能可以被外源赤霉素所代替，所以无胚（但有糊粉层）的半粒种子也可以合成 α‑淀粉酶，而且在一定范围内，外源赤霉素的量与诱导产生的 α‑淀粉酶活性成正比。根据淀粉可与 I_2‑KI 显蓝色，而淀粉分解的产物还原糖不能与 I_2‑KI 显色的原理，可以定性和定量地分析 α‑淀粉酶的活性。

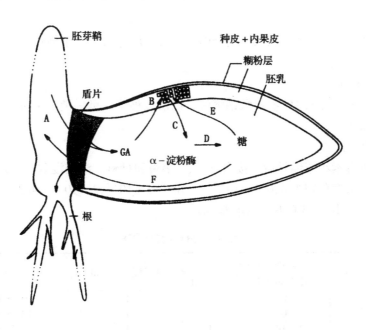

图9　GA 诱导小麦种子萌发过程中 α‑淀粉酶合成和分泌示意图

【实验材料】

小麦种子。

【仪器设备及用品】

721 分光光度计、恒温振荡器、水浴锅、2 mL 移液管 1 支、0.1 mL 移液管 6 支、50 mL 烧杯 2 只、试管 6 支、青霉素小瓶 6 个、镊子 1 把、刀片、白瓷板。

【试剂药品】

① 1% 次氯酸钠溶液；

② 0.1% 淀粉溶液：取 1g 淀粉和 8.16 g KH_2PO_4，用蒸馏水配制成 1000 mL 溶液；

③ 2×10^{-5} mol/L 赤霉素溶液：取 6.8 mg 赤霉素溶于少量 95% 乙醇中，配成 1000 mL 的母液，然后再稀释成 2×10^{-6}，2×10^{-7} 和 2×10^{-8} mol/L 三种浓度的赤霉素溶液；

④ 10^{-3} mol/L 醋酸缓冲液（pH 4.8）：取 2 mL 0.2 mol/L 的醋酸（11.55 mL 冰醋酸稀释至 1000 mL）、3 mL 0.2 mol/L 的醋酸钠（16.4g 无水醋酸钠配成 1000 mL）和 1g 链霉素，定容至 1000 mL，每毫升缓冲液中含链霉素 1 mg；

⑤ I_2 – KI 溶液：取 0.6g KI 和 0.06g I_2 溶于 1000 mL 0.05 mol/L 的 HCl 中。

【实验步骤】

1. 取样

选取大小一致、完好的小麦种子 50 粒，用刀片将每粒种子横切成有胚和无胚的半粒，分装于 2 个烧杯中。

2. 表面消毒

向 2 个烧杯中加入 1% 次氯酸钠溶液，以浸没种子为度。消毒 15 min 后，用无菌水冲洗 3 次，备用。

3. 处理浓度

将 6 只青霉素小瓶编号后，按表 20 加入溶液和材料。溶液混匀后，1～6 号小瓶中赤霉素的最终浓度分别为 0，0，2×10^{-5}，2×10^{-6}，2×10^{-7}，2×10^{-8} mol/L。将青霉素小瓶置于恒温振荡器中于 25℃下振荡培养 24 h。

表 20　处理浓度及方法

青霉素小瓶编号	赤霉素溶液		醋酸缓冲液/mL	实验材料
	浓度/(mol/L)	用量/mL		
1	0	1	1	10 个无胚半粒
2	0	1	1	10 个有胚半粒
3	2×10^{-5}	1	1	10 个无胚半粒
4	2×10^{-6}	1	1	10 个无胚半粒
5	2×10^{-7}	1	1	10 个无胚半粒
6	2×10^{-8}	1	1	10 个无胚半粒

4. 淀粉酶活力分析

培养完毕后，从每个小瓶中吸取 0.1 mL 溶液，分别加到事先盛有 1.9 mL 0.1% 淀粉溶液的试管中，摇匀，在 30℃ 恒温水浴锅中保温 5 min 后，用滴管各取出 1 滴反应液于白瓷板的 6 个穴中，滴加 1 滴 $I_2 - KI$，观察显色情况，比较各穴中颜色的差异。若有显色差异，则取出试管各加 $I_2 - KI$ 溶液 2 mL 和蒸馏水 5 mL，充分摇匀，于 721 分光光度计上在 580 nm 波长下，以蒸馏水作空白对照，测定各试管反应液的吸光值 A，比较 A 值的差异。若用白瓷板显色时差异尚不明显，则继续保温反应，直至在白瓷板上有显色差异为止。以 A 值从标准曲线上查得溶液中淀粉的含量，以被分解的淀粉含量衡量淀粉酶的活性。标准曲线可用不同浓度 (0～7 μg/mL) 淀粉溶液与 $I_2 - KI$ 显色反应后所测得的吸光值绘制。

【实验结果及计算】

绘制赤霉素浓度与淀粉酶活性关系曲线，淀粉酶活性以被水解淀粉的含量表示。第 1 瓶为淀粉的原始量 (X)，第 2 瓶为带胚半粒种子反应后淀粉的剩余量 (Y)，第 3～6 瓶为无胚半粒种子加入不同浓度赤霉素溶液反应后淀粉的剩余量 (Y)，

$$被水解淀粉的含量(\%) = [(X - Y)/X] \times 100\%$$

【思考题】

(1) 实验中为何要用 1% 次氯酸钠溶液处理小麦种子？为何要在醋酸缓冲液中加入链霉素？

(2) 本实验为何要将小麦种子分成有胚和无胚的半粒？为何 1 号和 2 号瓶中都没有加入赤霉素溶液，但反应完后两者溶液的吸光值却不同？

实验 23 种子萌发时蛋白质的转化

【实验原理】

富含蛋白质的豆类种子在暗处萌发时，种子内贮藏的蛋白质迅速水解，产生各种氨基酸。这些氨基酸，一部分用作合成新蛋白质的原料，一部分通过脱氨作用转变为有机酸和游离氨。游离氨对活细胞有毒，不能大量积累。植物体内可通过迅速形成酰胺的方式，将氨暂时贮存起来，并起到解毒的作用。因而，随着种子萌发天数的增加，作为氮代谢枢纽的天冬酰胺、谷酰胺便大量积累。本实验根据各种氨基酸与特定溶剂亲和力的不同，采用纸层析法观察大豆种子萌发过程中蛋白质转化的情况。

【实验材料】

黑暗中萌发 5 d 的大豆幼苗和大豆粉。

【仪器设备及用品】

层析缸、研钵、漏斗、毛细管、直尺、吹风筒、试管、层析用滤纸、量筒。

【试剂药品】

80％乙醇、0.1％茚三酮乙醇溶液、1％天冬酰胺溶液、1％谷酰胺溶液、展层剂（正丁醇∶甲酸∶水 ＝ 15∶3∶2，即配即用）、大豆粉浸提液。

【实验步骤】

（1）取 10 株大豆幼苗的子叶，于研钵中研碎，然后加入 10 mL 80％乙醇，室温下提取 15 min，过滤，用试管收集滤液，即可点样。

（2）将层析用滤纸根据层析缸大小裁剪成比层析缸窄的长条状，在一端离边缘 2.0 cm处用铅笔轻画一条直线，作为点样位置，然后分别用毛细管吸取大豆粉提取液、子叶提取液、谷酰胺、天冬酰胺溶液（注意：毛细管不能混用），分别点在 4 个点样点上，用铅笔将样点编号，记录。每个样品重复点 10～20 次，每次点样必须晾干或用电吹风吹干后方可继续点样。

（3）在通风橱中配制展层剂，然后向层析缸中加入适量展层剂，将层析滤纸折好，挂在层析缸的线上，以使滤纸另一端浸入展层剂中（不能淹没点样点）。1.5 h 后，将滤纸取出，置于 80℃烘箱中烤干或用电吹风吹干，用喷雾器均匀地喷洒适量的茚三酮溶液，使滤纸湿润，再于 80℃烘箱中烤干或用电吹风吹干使之现出氨基酸的层析谱。

【思考题】

（1）比较萌发和未萌发大豆种子子叶提取物的氨基酸层析谱，解释在种子萌发过程中种子内贮藏蛋白质发生的变化。

（2）根据天冬酰胺和谷酰胺标准液的 R_f 值（$R_f = r/R$，如图 10 所示），辨认萌发和未萌发的大豆种子子叶提取物层析谱上两种酰胺的斑点，比较两种酰胺在种子内含量的差异，并解释之。

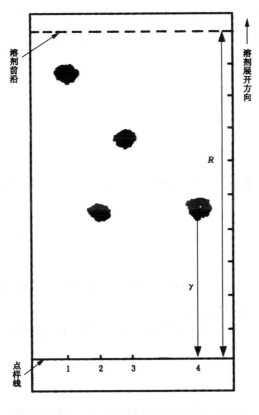

图 10　纸层析 R_f 计算示意图

实验 24　植物组织可溶性总糖的测定

【实验原理】

糖为生物界分布最广、含量最多的有机化合物，它是许多粮食作物和糖用植物的重要组成部分。蒽酮比色法是测定可溶性糖含量的方法之一。糖在硫酸作用下生成糠醛，糠醛再与蒽酮作用形成绿色络合物，颜色的深浅与糖含量有关，在 625nm 波长下的 OD 值与糖含量成正比。

【实验材料】

卤地菊叶片。

【仪器设备】

分光光度计、恒温水浴锅、电子天平、烘箱、10 mL 刻度试管、离心机。

【试剂药品】

① 80% 酒精；

② 活性炭；

③ 葡萄糖标准液（称取已在 80℃ 烘箱中烘至恒重的葡萄糖 100 mg，配制成 500 mL 溶液，即得每毫升含糖为 200 μg 的标准液）；

④ 蒽酮试剂（100 mg 蒽酮溶于 100 mL 稀硫酸(76 mL 浓硫酸加水至 100 mL)）。

【实验步骤】

1. 绘制标准曲线

取标准糖溶液将其稀释成一系列 0～100 μg/mL 的不同浓度的溶液。按上述方法分别测定 OD 值，然后绘制标准曲线。

2. 可溶性糖的提取

卤地菊叶片在 110℃ 烘箱烘 15 min，然后调至 70℃ 过夜。磨碎干叶片后称取 50 mg 样品倒入 10 mL 刻度离心管内，加入 4 mL 80% 酒精，置于 80℃ 水浴中 30 min，期间不断震摇，离心，收集上清液，其残渣加 80% 酒精重复提 2 次，合并上清液。在上清液中加入少许活性炭，80℃ 脱色 30 min，用水定容至 10 mL，过滤后取滤液测定。

3. 显色及比色

吸取上述滤液 1 mL，加入 5 mL 蒽酮试剂混合，沸水浴 10 min，取出冷却。在 625 nm 处测定 OD 值。从标准曲线上得到提取液中糖的含量。

【注意事项】

（1）定容时加入水定容。

（2）由于蒽酮试剂与糖反应的呈色强度随时间变化，故必须在反应后立即在同一时间比色。

【思考题】

（1）为什么要以烘干的叶片为实验材料？

（2）为什么要用 80% 酒精提取可溶性总糖？

实验 25 苯丙氨酸解氨酶(PAL) 活性的测定

【实验原理】

苯丙氨酸解氨酶(PAL EC. 4. 3. 1. 5)是植物次生代谢中的一个关键酶。它催化 L-苯丙氨酸的脱氨反应，释放氨而形成反式肉桂酸。根据产物反式肉桂酸在波长 290 nm 光密度的变化，可以测定该酶的活性。该酶对植物体的木质素、植保素、类黄酮、花青素等次生物质的形成起重要的调节作用，与植物的抗病作用有一定的关系。

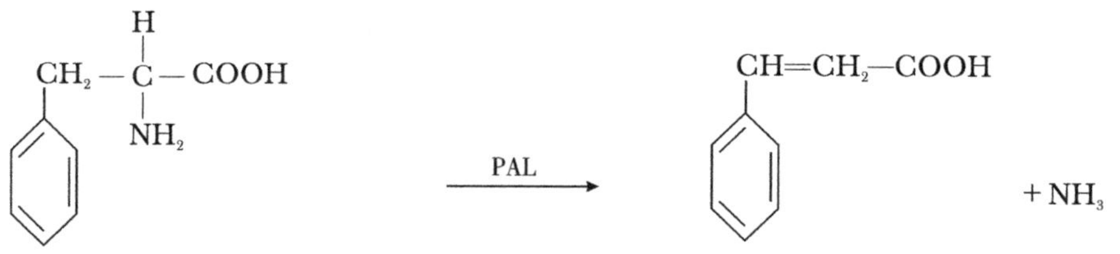

L-苯丙氨酸 反式肉桂酸

【实验材料】

黄化水稻幼苗。

【仪器设备】

冷冻高速离心机、紫外-可见分光光度计、旋涡混合器、恒温水浴锅等。

【试剂药品】

① 0.1 mol/L 硼酸缓冲液(pH8.8)；

② 0.02 mol/L L-苯丙氨酸：称取 0.330 g L-苯丙氨酸，用 0.1 mol/L 硼酸缓冲液溶解，并定容至 100 mL；

③ 7 mmol/L 巯基乙醇硼酸缓冲液：0.11 mL 巯基乙醇用 0.1 mol/L 硼酸缓冲液溶解，并定容至 200 mL；

④ 不溶性聚乙烯吡咯烷酮(PVPP)。

【实验步骤】

1. 酶液制备

称取黄化水稻幼苗 500 mg，先加 1.5 mL 预冷的提取液(即 7 mmol/L 巯基乙醇硼酸缓冲液)、过量的聚乙烯吡咯烷酮(PVPP)（但不能太多，否则不易研磨)、少量石英砂在冰浴下研磨成浆，再加 3.5 mL 预冷的提取液使其终体积为 5 mL。于 12 000 g 4℃下离心 15 min，用吸管吸取上清液。上清液即粗酶液。

2. 酶活测定：

反应液包括：① 0.02 mol/L L-苯丙氨酸 1 mL；

② 0.1 mol/L 硼酸缓冲液(pH8.8) 2 mL；

③ 0.1 mL 粗酶液。

（对照以 0.1 mL 巯基乙醇缓冲液代替酶液）

反应液用涡旋混合器混匀后立即在 290 nm 处测起始 OD 值，并精确计时。（每一样品重复两组）将测定后的各管于 30℃ 水浴保温 30 min，再于 290 nm 处测定各管的 OD 值。本实验以每 30 min 在波长 290 nm 处吸光率增加 0.01 所需酶量为 1 个单位。

$$苯丙氨酸解氨酶活性(酶单位/g\ 鲜重) = \frac{30 min\ 内吸光度的差值 \times V}{a \times W \times 0.01}$$

式中，a 为测定时的酶液用量，mL；V 为酶液总体积，mL；W 为样品重，g。

（苯丙氨酸解氨酶活性也可以酶单位/mg 蛋白表示，蛋白质含量可用考马斯亮蓝 G-250 法测定，以牛血清白蛋白作标准。）

实验 26 超薄等电聚焦电泳

【实验原理】

在聚丙烯酰胺凝胶中加入两性电解质载体，通以直流电后，在两极间将形成稳定、连续和线性的 pH 梯度。不同的蛋白质具有不同的等电点，进入加有载体两性电解质的聚丙烯酰胺凝胶后，在电场的作用下，不同的蛋白质将在与其等电点相等的 pH 处停留下来（聚焦），经染色后显示出不同的条带，得出不同的蛋白质电泳图谱。该电泳方法可用于作物品种真实性和种子纯度的鉴定。

【实验材料】

水稻、番茄、辣椒等农作物种子。

【仪器设备及用品】

电泳系统（包括电源、循环水冷却装置、电泳槽）、染色及脱色装置、离心机、可调移液器、漩涡混合器、恒温磁力搅拌器、电子天平、种子粉碎器、胶片观察灯等。

【试剂药品】

丙烯酰胺、甲叉双丙烯酰胺、TEMED、过硫酸铵、牛磺酸、两性电解质、尿素、乙醇、乙酸、乙二醇、L－天冬氨酸、L－谷氨酸、L－精氨酸、L－赖氨酸、乙二胺、三氯乙酸、考马斯亮蓝(G-250，R-250)、2-氯乙醇等。

【实验步骤】

1. 试剂的配制
（1）蛋白质提取液：体积分数 30% 2－氯乙醇。
（2）阳极缓冲液：0.332 g L－天冬氨酸、0.368 g L－谷氨酸溶于 100 mL 蒸馏水中，低温保存。
（3）阴极缓冲液：0.472 g L－精氨酸、0.364 g L－赖氨酸、12.0 mL 乙二胺溶于 100 mL 蒸馏水中，低温保存。
（4）聚丙烯酰胺母液：16.57 g 丙烯酰胺、0.43 g 甲叉双丙烯酰胺溶于 250 mL 蒸馏水中，低温保存。
（5）固定液：100 g 三氯乙酸中加入 45 mL 蒸馏水，然后取出 36 mL 溶于 300 mL 蒸馏水中。
（6）染色液：0.045 g 考马斯亮蓝 R－250、0.135 g 考马斯亮蓝 G－250，33 mL 乙酸、54 mL 乙醇溶于 300 mL 蒸馏水中。
（7）脱色液：12.5 mL 乙酸、75 mL 乙醇溶于 250 mL 蒸馏水中。

2. 蛋白质的提取

取样品种子 50 粒，用种子粉碎器逐粒粉碎，分别置于离心管中，加入一定量的蛋白质提取液，充分摇动混合，在室温下提取 1h，然后在 2000 g 下离心 10 min。取上清液用于电泳。

3. 凝胶的制备

取一干净玻璃板，上面均匀洒适量蒸馏水，然后放上一片比玻璃板稍大的聚酯胶片，胶片与玻璃板之间不得有气泡，并擦干胶片上的水分。根据不同植物材料设计不同的凝胶配方，称取一定量的尿素、牛磺酸，加入一定量的聚丙烯酰胺母液、两性电解质、TEMED、过硫酸铵，于磁力搅拌器上混匀。用注射器取出一定量的凝胶液挤滴到聚酯胶片中间，然后将一块同样大小的玻璃板采用拍打技术(flap technique)放到聚酯胶片上。该玻璃板须先经一定硅烷化溶剂预处理，以防聚丙烯酰胺凝胶与该玻璃板黏合。在该玻璃板的两个长边上还贴有厚度为 0.15 mm 的胶布以作为两块玻璃板之间的间隔，因而所制出的凝胶厚度即为 0.15 mm。操作过程中，不能使凝胶中有气泡。室温下聚合约 45 min 后，用一小刀插入玻璃板之间将两块玻璃板分开，然后小心将聚酯胶片从玻璃板上揭起，即为制好的凝胶。

4. 点样

将制好的凝胶放于经预冷的水平平板电泳槽冷却板上，为了达到较好的冷却效果，可在凝胶片与冷却板之间设置一薄层水层(不能有气泡)。将经阳极和阴极电解液充分浸润(不能滴水)的滤纸条放在凝胶上，然后沿滤纸条平行放上 52 孔点样带，用手指轻压以使点样带与凝胶完全密封。用可调移液器吸取一定量的蛋白质提取液加入点样孔中。

5. 电泳

将电泳槽的电极插入电泳仪相应的插孔中。采用如下电泳程序开始电泳：打开电源，通过调节电流使初始电压为 200 V，然后逐渐使电压升至 2 500 V。电泳时，循环水冷却装置的温度设定在 10℃。聚焦时间为 70 min。

6. 固定

将电泳胶片小心取下，取掉滤纸条和点样带，放入固定液中固定 20 min。

7. 染色

经固定后的电泳胶片在染色液中染色 50 min。

8. 脱色

染色后的电泳胶片放入脱色液中脱色 20 min，再取出用清水冲洗两遍；放于通风处晾干。在已晾干的电泳胶片上写明实验所用的材料名称、两性电解质的 pH 值、点样量、提取液名称、用量、电泳日期等内容后，用透明胶纸将整张胶片封好，分类保存。

9. 结果观察

在胶片观察灯上观察电泳条带的情况，计算出所试种子的纯度，或与标准样品相比较鉴定作物品种的真实性。

【思考题】

（1）等电聚焦电泳应该在何时结束？

（2）等电聚焦电泳时，应该靠近阳极还是阴极点样？为什么？

实验 27 植物组织总 RNA 的提取、质量鉴定及定量分析

【实验原理】

一个细胞中 RNA 的含量在 $10^{-5}\mu g$ 左右,其中 $80\%\sim85\%$ 为 rRNA(主要是 28S、18S 和 5S 三种类型),其余 $15\%\sim20\%$ 主要由各类型的低分子量 RNA 组成(tRNA、核内小分子 RNA 等),mRNA 仅占细胞总 RNA 的 $1\%\sim5\%$。

提取的 RNA 可以用于基因表达分析、cDNA 文库的构建及 RT-PCR 等。在这些实验中,RNA 的质量是非常重要的,对于提取的 RNA 的质量,包括三个方面的含义:① 具有足够后续实验的量;② 无 DNA、蛋白质等杂质的污染;③ 提取的 RNA 未发生降解。

本实验采用 RNA 提取试剂盒。以异硫氰酸胍为 RNase 抑制剂,提取的 RNA260/280 大于 1.8,可以进行 cDNA 文库的构建、RT-PCR、Northern Blot 等。

【实验材料】

菊科植物的花。

【仪器设备及用品】

冷冻离心机(12 000 r/min),电泳仪、涡旋混合仪,2.0 mL 离心管,10,20,1000 μL 移液器及 Tip 头,100 mL 三角瓶,瓷研钵,液氮罐。

【试剂药品】

Trizol、DEPC、氯仿、异丙醇、70% 乙醇、琼脂糖、0.5 × TBE,加样缓冲液,Golden View。

【实验步骤】

(一) 实验准备——创造一个无 RNase 的环境

1. RNase 及其来源

RNase 是一类生物活性非常稳定的酶类。这类酶耐热、耐酸、耐碱,煮沸和高压灭菌都不能使之完全失活。

RNase 主要有两个来源,一是细胞内 RNase,另一个是外源 RNase,包括环境中的灰尘、各种实验器皿和试剂、人体的汗液、唾液等。

2. 去除外源 RNase 的污染

(1)操作者手直接触摸之处会留下 RNase,说话时带出的唾液也富含 RNase,因此,在整个操作过程中要戴口罩和手套,避免说话。

(2)空气中的灰尘携带细菌、霉菌等微生物也会造成 RNase 的污染,因而,操作应

该在洁净的环境中进行。

（3）玻璃器皿的处理：可以采用 0.1% DEPC 水溶液浸泡过夜，然后高压消毒除去 DEPC；或在 250℃ 烘烤 4 h 以上。

（4）塑料器材最好使用灭菌的一次性用品，Eppendorf 管、Tip 头最好是新的，使用前进行高压灭菌；也可以先用 0.1% 的 DEPC 处理过夜，再高压灭菌。

（5）所有的溶液应加 0.05%～0.1% DEPC 室温过夜，然后高压灭菌，以除去残留的 DEPC。

（6）所用化学试剂应用新包装，并标明 RNA 专用试剂。

注：DEPC 有致癌之嫌，应小心使用。

（二）RNA 的提取

（1）100 mg 材料用液氮速冻后，研成粉末，趁液氮尚未挥发完时，将其转移到 2.0 mL 的离心管中，加入 1.0 mL Trizol，混匀，用移液器吹吸几次；

（2）加入 400 μL 氯仿，剧烈震荡 30 s；

（3）4℃，12 000 r/min 离心 10 min；

（4）小心地将上清液移入另一支干净的离心管中；

注：此步一定要非常小心，勿搅动溶液界面，一般吸取 400～500 μL。

（5）加入 1 mL 异丙醇，混匀后，室温放置 5 min，以 12 000 r/min 离心 5 min；

（6）小心弃去上清液，防止沉淀丢失。此时管底沉淀即为提取的 RNA；

（7）用 1 mL 70% 乙醇洗涤沉淀两次，12 000 r/min 离心 2 min，弃去乙醇；

（8）室温晾干。

（三）RNA 的定量及纯度鉴定

（1）用 20 μL DEPC 处理过的双蒸水溶解管底的 RNA；

（2）取 10 μL，用 DEPC 水稀释至 500 μL，测定 260、280 nm 下的吸收波长；

（3）按照 1 OD_{260} = 40 μg/mL 浓度的 RNA，计算提取的 RNA 的浓度，计算 A260/A280，估计 RNA 的纯度。

（四）RNA 的琼脂糖电泳

（1）试剂

① 0.5×TBE　5×TBE 贮存液：54 g Tris，27.5 g 硼酸，40 mL 0.5 mol/L EDTA，pH8.0，加水至 1 000 mL。

② 琼脂糖：Bio-west，检测无 DNA、RNA 酶活性。

③ 加样缓冲液：6×loading buffer：体积分数 80% 甲酰胺；1 mmol/L EDTA，pH8.0；质量浓度 0.1% 溴酚蓝；质量浓度 0.1% 二甲苯菁。

④ Golden View。

（2）步骤

① 琼脂糖凝胶的配制：0.3 g 琼脂糖，于 30 mL 0.5×TBE 中，微波炉中火加热 1 min，凉至手背不觉烫时倒入胶槽中，凝固后待用。

② 10 μL 样品，Golden View 1 μL，1 μL 加样缓冲液混匀后点样。

③ 60 V 电泳 30～40 min，紫外灯下观察。

实验 28　干旱对植物细胞质膜相对透性的影响

【实验原理】

植物细胞膜的选择透性起调节控制细胞内外物质交换的作用。当植物遭受逆境伤害时，细胞膜受到不同程度的破坏，膜的透性增加，选择透性丧失，细胞内部分电解质外渗。膜结构破坏的程度与逆境的强度、持续的时间、作物品种的抗性等因素有关。因此，质膜透性的测定常可作为逆境伤害的一个生理指标，广泛应用在植物抗性生理研究中。

当质膜的选择透性被破坏时细胞内电解质外渗，其中包括盐类、有机酸等，这些物质进入环境介质中，如果环境介质是去离子水，那么这些物质的外渗会使去离子水的导电性增加，表现在电导率的增加上。植物受伤害越严重，外渗的物质越多，介质导电性也就越强，测得的电导率就越高（不同抗性品种就会显示出抗性上的差异）。

本实验采用电导率法测定电解质的相对外渗率，来了解干旱条件下植物受害的程度。

【实验材料】

绿豆幼苗的整体或某一器官，视实验目的而定。

【仪器设备及用品】

电导率仪、微波炉、电子天平、移液管、试管、50 mL 小烧杯等。

【试剂药品】

去离子水。

【实验步骤】

1. 取材

取正常和干旱条件下生长的绿豆幼苗的胚轴部分为材料。正常和干旱的材料以等重量（如 2 g）或等数量（如 20 株）取样，放入小烧杯中。先用自来水冲洗去除表面的污物，再用去离子水冲洗 2 次。用吸水纸吸去多余的水分。

2. 测定

向烧杯中各加入 20 mL 去离子水，并让材料完全浸在水中。称重。室温下浸泡 1 h，然后分别用电导率仪测定电导率，用 R_1 表示。最后将烧杯转入微波炉中煮沸（注意勿使烧杯中的溶液溢出或烧干），冷却至室温后添加去离子水至原来重量，再测定电导率，

用 R_2 表示。

【实验结果及计算】

用下列公式计算相对电导率，表示质膜相对透性：
$$相对电导率（\%）= R_1/R_2 \times 100\%$$

【注意事项】

质膜相对透性的测定虽简单，但干扰因素多，测定时应注意以下问题：

（1）取材的一致性，代表性。

（2）器皿和用具要清洁。

（3）测试条件要一致，如测试温度等要一致。

（4）注意不同材料其适宜的浸泡时间均不相同。

【思考题】

（1）相对电导率与细胞膜的透性之间有怎样的关系？

（2）相对电导率能否作为植物抗寒(冻)性的生理指标？为什么？

（3）以电导率或相对电导率作为抗寒性的指标，哪个更好些？为什么？

实验 29　干旱对植物体内游离脯氨酸含量的影响

【实验原理】

脯氨酸是水溶性最大的氨基酸，具有很强的水合能力。脯氨酸的疏水端可和蛋白质结合，亲水端可与水分子结合，蛋白质可借助脯氨酸束缚更多的水，从而防止渗透胁迫条件下蛋白质的脱水变性。因此，脯氨酸在植物的渗透调节中起重要作用。正常情况下，植物体内脯氨酸含量并不高，但遭受水分、盐分等胁迫时体内的脯氨酸含量往往增加，它在一定程度上反映植物受环境水分和盐度胁迫的情况，以及植物对水分和盐分胁迫的忍耐及抵抗能力。

植物体内脯氨酸的含量可用酸性茚三酮法测定。在酸性条件下，脯氨酸和茚三酮反应生成稳定的有色产物，该产物在 520 nm 处有一最大吸收峰，其色度与含量正相关，可用分光光度法测定。该反应具有较强的专一性，酸性和中性氨基酸不能与酸性茚三酮试剂形成有色产物，碱性氨基酸对这一反应有干扰，但加入人造沸石（permutite），在 pH 1～7 范围内振荡溶液可除去这些干扰的氨基酸。

【实验材料】

绿豆幼苗。

【仪器设备及用品】

可见分光光度计、水浴锅、电子天平、带塞试管、烧杯、研钵、石英砂、漏斗、玻棒、滤纸等。

【试剂药品】

① 80% 乙醇；

② 酸性茚三酮试剂：称取 2.5 g 茚三酮，加入 60 mL 冰醋酸和 40 mL 6 mol/L 磷酸，于 70℃ 加热溶解，冷却后储于棕色试剂瓶中，4℃ 保存，2 d 内稳定；

③ 脯氨酸标准母液：称取 10 mg 脯氨酸溶于少量 80% 乙醇中，再用蒸馏水定容至 100 mL，成 100 μg/L 母液；

④ 人造沸石、活性炭等。

【实验步骤】

1. 材料处理

待幼苗生长到适当大小时，将材料分成 2 组，分别作如下处理：

① 对照：正常条件下继续生长；

② 逆境处理：进行干旱胁迫处理。

2. 脯氨酸标准曲线制作

吸取脯氨酸标准母液 0,0.5,1.25,2.5,5.0,7.5,10.0,15.0 mL 分别加入 8 个 50 mL 容量瓶中，分别加入蒸馏水定容至 50 mL，配成 0.0,1.0,2.5,5.0,10.0,15.0,20.0,30.0 μg/mL 的系列溶液。分别吸取上述各标准溶液 2 mL、冰醋酸 2 mL、茚三酮试剂 2 mL，加入到 10 mL 带塞刻度试管中，塞上塞子，于沸水浴中加热 15 min，用分光光度计测定 520 nm 处的光密度值，以零浓度为空白对照。将测定结果以脯氨酸浓度为横坐标，以光密度值为纵坐标制作标准曲线。

3. 样品中脯氨酸的提取及测定

（1）提取脯氨酸。分别称取正常和干旱绿豆幼苗的叶片各 1 份，每份（如结果需要以干重表示时，则还要称两种处理材料各一份用于烘干称干重）0.3 g，剪碎，加入适量 80% 乙醇、少量石英砂，于研钵中研磨成匀浆。匀浆液全部转移至 10 mL 刻度试管中，用 80% 乙醇洗研钵，将洗液移入相应的刻度试管中，最后用 80% 乙醇定容至刻度，混匀，80℃ 水浴中提取 20 min。

（2）除去干扰的氨基酸。向提取液中加入人造沸石和活性炭各 1 勺，强烈振荡 5 min，过滤，滤液备用。

（3）脯氨酸含量的测定。分别吸取上述提取液 2 mL 于刻度试管中，再取一支刻度试管，加入 2 mL 80% 乙醇作为参比，分别向上述各试管中加入 2 mL 冰醋酸和 2 mL 茚三酮试剂，沸水浴中加热 15 min，冷却后在分光光度计测 520 nm 下各样品的光密度，从标准曲线上查出被测样品液中脯氨酸的浓度。

【实验结果及计算】

$$脯氨酸含量 = \frac{脯氨酸浓度(μg/mL) \times 提取液总体积(mL)}{样品质量(g)}$$

样品中脯氨酸含量用 μg/gFW 或 μg/gDW 表示。

【思考题】

（1）根据实验结果，分析干旱与植物体内游离脯氨酸积累之间有何关系？

（2）为什么用茚三酮作显色剂要在酸性条件下起反应？目的是什么？

实验 30　超氧化物歧化酶(SOD)活性的测定

【实验原理】

SOD 是含金属辅基的酶，它催化以下反应：

$$O_2^- + O_2^- + 2\,H^+ \xrightarrow{\text{SOD}} H_2O_2 + O_2$$

由于超氧阴离子自由基(O_2^-)寿命短，不稳定，不易直接测定 SOD 活性，而常采用间接的方法。目前常用的方法有 3 种，包括氮蓝四唑(NBT)光化还原法，邻苯三酚自氧化法，化学发光法。本实验主要介绍 NBT 光化还原法，其原理是：氮蓝四唑在蛋氨酸和核黄素存在条件下，照光后发生光化还原反应而生成蓝色甲腙，蓝色甲腙在 560 nm 处有最大光吸收。SOD 能抑制 NBT 的光化还原，其抑制强度与酶活性在一定范围内成正比。

【实验材料】

植物叶片或经处理的植物材料。

【仪器设备及用品】

分光光度计、冰冻离心机、微量进样器、水浴锅、光照培养箱(或其他照光设备)、10 mL 小烧杯等。

【试剂药品】

① 50 mmol/L pH 7.8 的磷酸盐缓冲液(PBS)（含 0.1 mmol/L EDTA）。

② 220 mmol/L 甲硫氨酸：称甲硫氨酸 3.2824 g，用 50 mmol/L pH 7.8 PBS 溶解定容至 100 mL(现配现用)。

③ 1.25 mmol/L 氯化硝基四氮唑蓝(NBT)溶液(现配)：称 NBT 0.102 g，用 50 mmol/L pH 7.8 PBS 溶解定容至 100 mL。

④ 0.033 mmol/L 核黄素：称 2.52 mg 用 PBS 溶解定容至 200 mL(遮光保存)。

【实验步骤】

1. 酶液制备

称取植物组织 0.5 g，先加入 2.5 mL PBS，研磨匀浆后，再加入 2.5 mL PBS 混匀，4℃下 10000 r/min 离心 15 min，上清液即为粗酶液。取部分上清液经适当稀释后用于酶活性测定。

2. 酶活性测定

取 10 mL 小烧杯 7 只，3 只用作测定样品，4 只作为对照，按表 21 加入试剂。

表 21　各溶液显色反应用量

试　　剂	用量/mL	终浓度(比色时)
0.05 mol/L 磷酸盐缓冲液	4.05	
220 mmol/L Met 溶液	0.3	13 mmol/L
1.25 mmol/L NBT 溶液	0.3	75 μmol/L
33 μmol/L 核黄素溶液	0.3	2.0 μmol/L
酶液	0.05	对照以缓冲液代替酶液
总体积	5.0	

将上述试剂混匀后,1 只对照烧杯至于暗处,另 3 只对照烧杯和样品一起置于 4 000 lx 日光灯下反应 20 min(要求各管受光一致,温度高时时间缩短,温度低时可适当延长)。最后在 560 nm 处测定反应液的光密度。以不照光的对照烧杯作参比,分别测定其他各管的光密度。

3. 蛋白质含量测定

步骤 1 的上清液经适当稀释后用考马斯亮蓝 G-250 法测蛋白质含量。

【实验结果及计算】

SOD 活性单位是以抑制 NBT 光化还原的 50% 为一个酶活性单位表示。可按下式计算 SOD 活性:

$$\text{SOD 总活性} = \frac{(A_{CK} - A_E) \times V}{A_{CK} \times 0.5 \times W \times V_t}$$

$$\text{SOD 比活力} = \frac{\text{SOD 总活性}}{\text{蛋白质浓度}}$$

式中,SOD 总活性以 U/gFW、比活力单位以 U/mg 蛋白表示;A_{CK} 为对照烧杯(照光)的光吸收值;A_E 为样品的光吸收值;V 为样液总体积;V_t 为测定时样品用量;W 为样重,g。

【思考题】

测定活性时加入的酶量以能抑制反应的 50% 为最佳,为什么?

实验 31　抗坏血酸过氧化物酶活性的测定

抗坏血酸过氧化物酶(APX, EC 1. 11. 1. 11)的发现至今已有 20 多年。Foyer 和 Halliwell 首先于 1976 年发现以抗坏血酸(AsA)为电子供体的一种过氧化物酶。Nakano 和 Asada(1980)报道了完整的菠菜叶绿体中存在以光化还原剂作为电子供体的过氧化物酶，但在破碎的叶绿体中活性很低，1981 年他们正式确定此酶就是 APX，且存在于叶绿体的基质中。以后的 20 年里对其酶学特性、分布、定位、作用机制、生理功能以及分子生物学特性等方面都做了不少研究，表明 APX 是植物和藻类特有的清除过氧化氢(H_2O_2)的重要酶类。

APX 催化的反应为

$$AsA + H_2O_2 \longrightarrow 2 MDA(单脱氢抗坏血酸自由基) + 2 H_2O$$

与过氧化物酶(POD)所催化的反应

$$AH_2 + H_2O_2(ROOH) \longrightarrow A + 2H_2O(R—OH) + H_2O$$

不同。

事实上，POD 依照其生理功能的不同可分为两类。第一类是参与催化反应的电子供体的氧化产物具有一定生理功能的 POD，典型的例子是酚特异性过氧化物酶(PPO)，又称愈创木酚过氧化物酶，它可以氧化降解吲哚乙酸，生物合成木质素，且与衰老密切相关；第二类是以清除 H_2O_2、有机氢的过氧化物为功能的酶，如植物体中的抗坏血酸过氧化物酶(APX)、哺乳动物中的谷胱甘肽过氧化物酶(GSH – POD)、酵母中的细胞色素 C 过氧化物酶(Cyt C – POD)等等。

已经发现 APX 存在于菠菜、豌豆、浮萍、美国梧桐、棉花、黄瓜、蓖麻子、向日葵、茶叶、小麦、大麦、玉米、烟草、西葫芦等植物的叶片中，同时在豆科植物的根瘤、蓖麻等油料植物种子、马铃薯块茎以及藻类中均检测出 APX 活性。

高等植物的 APX 存在着多种同工酶。一种是光合器官型，又称叶绿体型同工酶，包括位于基质中的 APX 和同类囊体膜结合的 APX(tAPX)；另一种是非光合器官型，在植物细胞的胞浆、线粒体和乙醛酸循环体中均已发现，且这类酶在总的 APX 中所占的份额最大。

不同材料及不同器官的研究结果表明，APX、Cyt C – POD、PPOD 的酶学特性也是明显不同的。

APX 是植物 AsA – GSH 氧化还原途径的重要组分之一，其他成分包括单脱氢抗坏血酸自由基还原酶(MDHAR)、(双)脱氧抗坏血酸还原酶(DHAR)和谷胱甘肽还原酶(GR)等。这个途径在叶绿体、线粒体和胞浆中均已发现。

H_2O_2 是植物叶绿体中光合电子传递链和某些酶学反应的天然产物，是具有毒害作用的活性氧。高浓度的 H_2O_2 可以抑制 Calvin 循环中的酶类。由于叶绿体不存在过氧化氢酶(CAT)和谷胱甘肽过氧化物酶(GSH – POD)，且叶绿体 APX 对 H_2O_2 的 K_m 远比

CAT 小，因此 APX 是叶绿体中清除 H_2O_2 的关键酶。与其他 POD 相比，APX 尤其是叶绿体型 APX 有一明显特征，即在缺乏电子供体 AsA 的情况下会迅速失活。

APX 是植物体内尤其是叶绿体中清除 H_2O_2 的关键酶。在诸如热休克、盐渍、百草枯(paraquat)处理等逆境条件下均导致 APX 转录水平和酶活性的提高。

【实验原理】

AsA - POD 催化 AsA 与 H_2O_2 反应，使 AsA 氧化成单脱氢抗坏血酸(MDAsA)。随着 AsA 被氧化，溶液的 OD_{290} 值下降，根据单位时间内 OD_{290} 减少值，计算 AsA - POD 活性。AsA 氧化量按消光系数 $2.8/(mmol/L) \times cm$ 计算，酶活性用 μmol AsA/gFW 表示。

【仪器设备】

高速冷冻离心机、紫外分光光度计。

【实验步骤】

1. 酶液制备

0.5 g 材料，按 1:5 加入预冷的提取液(50 mmol/L K_2HPO_4-KH_2PO_4 缓冲液，pH7.0，内含 2 mmol/L AsA ,0.1 mmol/L EDTA - Na_2)，研磨后在 10000 g 离心 10 min，上清液为粗酶提取液。

2. 测定

反应体系如下：

试剂	加入量	终浓度
PBK(pH7.0)	1.8 mL	50 mmol/L
AsA	100 μL	0.3 mmol/L
提取液	100 μL	
H_2O_2	1 mL	0.02 mL/10 mL

加入后，立即在 290 nm 测定 90 s 内 OD 值的变化，计算酶活性。

实验 32 干旱对植物过氧化氢酶(CAT)、过氧化物酶（POD）活性的影响

【实验原理】

植物体内的黄素氧化酶类（如光呼吸中的乙醇酸氧化酶、呼吸作用中的葡萄糖氧化酶等）代谢产物常包含 H_2O_2。H_2O_2 的积累可导致破坏性的氧化作用。过氧化氢酶（CAT）和过氧化物酶（POD）是清除 H_2O_2 的重要保护酶，能将 H_2O_2 分解为 O_2 和 H_2O，从而使机体免受 H_2O_2 的毒害作用。这两种酶的活性与植物的抗逆性密切相关。

CAT 催化如下反应：

$$2H_2O_2 \longrightarrow 2H_2O + O_2$$

本实验通过测定 H_2O_2 的减少量来测定 CAT 的活性。H_2O_2 在 240 nm 处有最大吸收峰。

当 H_2O_2 存在时，过氧化物酶能使愈创木酚氧化，生成茶褐色的4-邻甲氧基苯酚，该产物在 470 nm 处有最大吸收峰，从而可用分光光度计测生成物的含量来测定 POD 活性。

【实验材料】

正常和干旱的绿豆幼苗。

【仪器设备及用品】

电子天平、冰冻离心机、紫外分光光度计、移液枪、研钵、漏斗等。

【试剂药品】

① 50 mmol/L pH 7.0 的磷酸缓冲液；

② 0.3% H_2O_2：吸 0.5 mL 30% H_2O_2 加入 pH 7.0 PBS 至 50 mL；

③ 0.2% 愈创木酚：称 0.2 g 愈创木酚，用 pH 7.0 PBS 配成 100 mL 溶液。

【实验步骤】

1. 酶液的制备

称取正常和干旱的绿豆幼苗叶片各 0.2 g，加入 5 倍量（质量浓度）的 pH 7.0 PBS，冰浴研磨，15000 r/min 离心 15 min，上清液用于酶活性测定。

2. CAT 活性的测定

直接向比色皿中先加入 0.05 mL 酶液，然后加入 0.3% H_2O_2 1 mL 和 H_2O 1.95 mL 的混合液，启动反应后，每隔 10 s 测定 240 nm 波长处的 OD 值，共测定至 1 min。将每分钟 OD 值减少 0.01 定义为 1 个酶活力单位。

3. POD 活性的测定

直接向比色皿中先加入 0.05 mL 酶液，然后加入 0.3% H_2O_2 1 mL、0.2% 愈创木酚 0.95 mL，pH 7.0 PBS 1 mL 的混合液，每隔 10 s 记录 470 nm 处 OD 值，共测定至 1 min。将每分钟 OD 值增加 0.01 定义为 1 个酶活力单位。

【实验结果及计算】

CAT 和 POD 的酶活性以 U/gFW 表示。

实验 33 植物组织丙二醛含量的测定

【实验原理】

植物在逆境或衰老条件下,会发生膜脂的过氧化作用。丙二醛(MDA)是膜脂过氧化产物之一,其浓度表示脂质过氧化程度和膜系统伤害程度,所以是逆境生理指标。丙二醛在酸性和高温条件下,可以和硫代巴比妥酸(TBA)反应生成红棕色的三甲川(3,5,5-三甲基恶唑-2,4-二酮),在532 nm具有最大光吸收。可溶性糖与TBA显色反应产物在450 nm和532 nm处也有吸收。而逆境胁迫(如干旱、高温、低温等)时可溶性糖增加,因此测定时要排除可溶性糖的干扰。

【实验材料】

离体衰老的水稻叶片。

【仪器设备及用品】

分光光度计、离心机、水浴锅、研钵、带塞试管等。

【试剂药品】

① 50 mmol/L pH 7.8 的磷酸缓冲液;

② 10% 三氯乙酸(TCA)溶液:称10 g三氯乙酸,用蒸馏水溶解定容至100 mL;

③ 0.5% 硫代巴比妥酸(TBA)溶液:称0.5 g硫代巴比妥酸,用10% TCA溶解并定容至100 mL。

【实验步骤】

1. 丙二醛的提取

取0.5 g植物样品,先加10% TCA 2 mL研磨匀浆后再加入3 mL TCA进一步研磨,研磨后所得匀浆在3000 r/min下离心10 min,上清液为样品提取液。

2. 丙二醛含量的测定

取上述步骤所得的上清液2.0 mL于带塞试管中(可做2个重复),加入0.5% TBA溶液2.0 mL,混合后于沸水浴上反应20 min,迅速冷却后离心,上清液分别于532 nm、600 nm及450 nm波长处测定OD值。对照管以2 mL水代替提取液。

【实验结果及计算】

$$\text{MDA 浓度 } C(\mu mol/L) = 6.45(OD_{532} - OD_{600}) - 0.56OD_{450}$$

然后以材料鲜重表示丙二醛含量:MDA $\mu mol/gFW$。

实验 34　几种抗氧化剂含量的测定

一、抗坏血酸(AsA)含量的测定

【实验原理】

抗坏血酸(AsA)是植物细胞重要的抗氧化剂，它可还原O_2^-，清除 $\cdot$ OH，猝灭$^1O_2$ 及清除 H_2O_2，还可再生维生素 C。

AsA 可将铁离子还原成亚铁离子，亚铁离子与二联吡啶反应，生成红色螯合物。在 525 nm 波长处的光吸收与 AsA 含量正相关，从而可利用比色法测定 AsA 含量。

【实验材料】

水稻叶片。

【仪器设备】

天平、离心机、恒温水浴锅、分光光度计。

【试剂药品】

① 质量浓度5% 三氯乙酸(TCA)溶液：5 g 三氯乙酸，用蒸馏水配成 100 mL 溶液；

② 150 mmol/L NaH_2PO_4(pH7. 4)溶液；

③ 质量浓度10% 三氯乙酸(TCA)溶液；

④ 44% H_3PO_4；

⑤ 4% 2,2 – 二联吡啶；

⑥ 3% $FeCl_3$。

【实验步骤】

1. 标准曲线的制作

称取 17. 613 mg 的 AsA，溶解并定容至 100 mL，得到 1 mmol/L 的标准母液，利用该标准母液分别配制浓度分别为 0,0.1,0.2,0.3,0.4,0.5,0.6,0.7 mmol/L 的 AsA 标准液。吸取上述各标准液200 μL于编好号的对应的不同试管中，分别往各管中加入 150 mmol/L NaH_2PO_4 200 μL，H_2O 200 μL，混合均匀。超过 30 s 后再分别往各管中加入 10% TCA 溶液 400 μL、44% H_3PO_4 400 μL，4% 2,2 – 二联吡啶 400 μL、3% $FeCl_3$ 200 μL，混匀后在 37℃水浴中保温 60 min，然后测 525 nm 处的 OD 值。将测定结果以 AsA 浓度为横坐标，以光密度值为纵坐标制作标准曲线。

2. 提取

称 0.5 g 水稻叶片 2 份，1 份用于测定干重，1 份用于 AsA 的提取。将样品剪碎加入 5 mL 5% 三氯乙酸，研磨，15 000 g 离心 10 min，上清液定容至 5 mL。

3. 测定

吸取上述制备好的样品上清液 0.2 mL，分别加入 150 mmol/L 的 NaH_2PO_4（pH 7.4）0.2 mL、H_2O 0.2 mL，混合均匀，至少 30 s 后，再依次分别往各管中加入 10% TCA 0.4 mL、44% H_3PO_4 0.4 mL、4% 2,2 - 二联吡啶 0.4 mL 和 3% $FeCl_3$ 0.2 mL，混合后在 37℃ 水浴中保温 60 min，然后测在 525 nm 处的光吸收值。根据标准曲线计算样品中 AsA 的含量。

【实验结果及计算】

AsA 含量用 μg/g FW 表示。

二、还原型谷胱甘肽（GSH）含量的测定

【实验原理】

还原型谷胱甘肽（GSH）是植物细胞内另一种重要的抗氧化剂。它含有活性的巯基，极易被氧化。GSH 可以抑制不饱和脂肪酸生物膜组分及其他敏感部位的氧化分解，防止膜脂过氧化，从而保持细胞膜系统的完整性，延缓细胞的衰老和增强植物抗逆性。

本实验利用巯基试剂 DTNB 测定 GSH 的含量。

【实验材料】

水稻叶片。

【仪器设备】

天平、离心机、恒温水浴锅、分光光度计、研钵等。

【试剂药品】

① 质量浓度 5% 三氯乙酸（TCA）溶液；

② 150 mmol/L NaH_2PO_4（pH 7.7）溶液；

③ 100 mmol/L pH 6.8 的 PBS；

④ DTNB 试剂：75.3 mg DTNB 溶于 30 mL 100 mmol/L pH 6.8 PBS 中。

【实验步骤】

1. GSH 标准曲线的制作

配制浓度分别为 0,0.02,0.04,0.06,0.08,0.10,0.12 mmol/L 的标准 GSH 溶液，吸取上述标准液各 0.25 mL，分别加入 150 mmol/L 的 NaH_2PO_4（pH7.7）2.60 mL，混合均匀后，往各管中加入 DTNB 试剂 0.15 mL，摇匀后，30℃保温反应 5 min，测 A_{412nm}（以加磷酸缓冲液代替 DTNB 试剂作空白对照）。将测定结果以 GSH 浓度为横坐标、光密度值为纵坐标制作标准曲线。

2. GSH 的提取

方法同 AsA 的提取。

3. GSH 含量的测定

分别取上述样品提取液 0.25 mL，各加入 150 mmol/L NaH_2PO_4（pH 7.7）2.6 mL、DTNB试剂 0.15 mL，以加磷酸缓冲液代替 DTNB 试剂作空白。摇匀后，于30℃保温反应 5 min，测定 412 nm 波长处的光吸收值。根据标准曲线计算样品的 GSH 含量。

【实验结果及计算】

GSH 含量用 μg/gFW 表示。

实验 35 逆境处理对植物生理生化指标的影响

（综合性实验）

综合性实验是在学生掌握一定的理论知识和实验方法的基础上开设的，目的是培养学生综合设计实验方案、综合分析实验结果的科研能力，并帮助学生将所学的理论知识系统化。

对植物产生伤害的环境称为逆境，又称为胁迫。植物体在正常的生长发育过程中会产生一定量的活性氧，主要包括 O_2^-，H_2O_2，$·OH$，$^1O_2$ 等。而植物为保护自身免受活性氧的伤害，形成了内源保护系统，包括植物细胞膜的酶保护系统和非酶抗氧化剂。植物细胞膜酶保护系统主要是超氧化物歧化酶(SOD)，过氧化氢酶(CAT)，抗坏血酸过氧化物酶(AsA – POD)等。在正常条件下，植物体的活性氧产生与清除处于动态平衡，不会积累过多活性氧，植物正常生长发育。但当植物遭受干旱、低温、高温、盐渍、高光强、除草剂等逆境，以及植物衰老时(目前有人认为衰老也是一种逆境)，体内活性氧产生与清除系统发生变化，会导致活性氧在体内的过量积累，从而对植物造成伤害，严重时会导致植物死亡。逆境对植物的伤害主要表现在生长缓慢或受阻、细胞脱水、膜系统受破坏，酶活性受影响，从而导致细胞代谢紊乱。逆境会伤害植物，有些植物在长期的适应过程中形成了各种各样抵抗或适应逆境的本领，在生理上，以形成胁迫蛋白、增加渗透调节物质、提高保护酶活性等方式提高细胞对各种逆境的抵抗能力。因此，测定在逆境条件下植物细胞膜酶保护系统及脯氨酸等物质，对于研究植物的逆境伤害和植物抗逆机制具有重要意义，同时可以加深学生对逆境生理、自由基理论的理解。

华南地区的植物多属喜温植物，在越冬时遇到不适宜的零上低温而出现冷害是相当普遍的现象。植物组织冷害是植物逆境生理的重点，也是当今研究的热点之一。

土壤盐碱化是人类面临的生态危机之一，土壤的盐化与碱化往往相伴发生，生态破坏力也较单盐更大。

百草枯是活性氧的诱发剂，也是除草剂克无踪的主要活性成分，它能够杀灭植物组织的绿色部位，破坏植物的光合作用，从而对植物造成伤害。

因此，本实验设计主要通过培养植物的幼苗，给予幼苗不适宜的低温条件或盐胁迫或百草枯处理，来研究植物对逆境的反应；通过测定幼苗的膜透性、脯氨酸含量、丙二醛含量、POD、CAT、SOD、APX 酶活性的变化等生理生化指标，研究不同逆境对植物生长的影响及植物内部的生理生化机理。

【实验材料】

绿豆幼苗或水稻幼苗。

【仪器设备及用品】

台式高速冷冻离心机、紫外分光光度计、2 mL 塑料离心管、移液器(100 μL、5 000 μL)、研钵、2 mL 移液管。

【实验步骤】

(一) 不同的逆境处理

1. 取绿豆种子,用水吸胀,萌动后加洗净的河沙覆盖,放在光照培养箱中培养(25℃,每天光照12 h),两叶一心时进行干旱处理,干旱时间24~48 h,正常生长绿豆苗作对照。

2. 盐胁迫处理

(1)植物材料的培养。取绿豆种子,用水吸胀后,催芽使其萌动,再加洗净的河沙覆盖,出芽后用 Hoagland 培养液于光照培养箱中培养(25℃,每天光照12 h),当苗高3~5 cm,有两片真叶展开时,即可进行盐碱胁迫处理。

(2)盐处理。一部分绿豆苗用 50,100,200 mmol/L Na_2CO_3 处理48 h,其余的仍以 Hoagland 培养液培养,作为对照。

(3)植物形态观察。肉眼观察伤害症状。

3. 不同温度的处理

(1)取绿豆(或水稻)种子,用水吸胀,萌动后加洗净的河沙覆盖,放在光照培养箱中培养(25℃,每天光照12 h),当苗长3~5 cm 时,即可进行低温处理。

(2)放在光照培养箱中培养,每天光照12 h,其中一盆放在25℃下,另一盆放在 5±1℃下,处理3~5 d。

(3)生长量的测定。先分别对两种温度下的材料进行外观观察,然后对水稻材料分别测定根长、苗长、根鲜重、苗鲜重;对绿豆材料分别测定胚根长度、下胚轴长度、苗鲜重。

(二) 取样和测定

(1)测相对电导率。每份取2 g(地上部分)。具体测定方法见实验28。

(2)测脯氨酸含量。每份取材料0.3 g,具体提取及测定方法见实验29。

(3)CAT、POD 酶活性的测定。每份取材料0.25 g,具体提取及测定方法见实验32。

(4)SOD 酶活性的测定。每份取材料0.5 g,具体提取及测定方法见实验30。

(5)APX 酶活性的测定。每份取材料0.5 g,具体提取及测定方法见实验31。

(6)丙二醛含量的测定。每份取材料0.5 g,具体提取及测定方法见实验33。

【实验结果及分析】

实验结果填入表 22。

表 22　形态指标及生理指标结果记录表

	项　目	对　照	处　理
形态指标测定	根系状况（形态观察）		
	叶片状况（形态观察）		
	其他		
生理指标测定	电导率	$A_1 =$	$A_1 =$
		$A_2 =$	$A_2 =$
	相对电导率		
	脯氨酸含量		
	POD 活性		
	CAT 活性		
	丙二醛含量		
	SOD 活性		
	AsA－POD 活性		

比较干旱、盐碱处理和对照的生理生化指标差异，分析干旱、盐碱逆境处理对绿豆幼苗保护酶活性、膜损伤、脯氨酸含量的影响。

比较低温处理和室温对照的材料的生长指标和生理差异，分析低温逆境处理对材料的生长和内部生理情况的影响，以及植物的相应反应。

实验36 叶绿体色素的提取、分离、理化性质及含量测定

（综合性实验）

【实验原理】

植物叶绿体色素是吸收太阳光能、进行光合作用的重要物质。它主要由叶绿素a、叶绿素b、β–胡萝卜素和叶黄素组成。这些色素都不溶于水，而溶于有机溶剂，故可用乙醇、丙酮等有机溶剂提取。

叶绿体色素分离的方法有多种，纸层析是最简便的一种，纸层析常用于一些生物小分子物质的分离和纯化。它以滤纸上的纤维及其结合水为固定相，以有机溶剂为流动相。当流动相流经滤纸上的样品原点时，样品中各溶质组分在两相中进行分配，一部分溶质离开原点随流动相移动，一部分进入固定相的无溶质区，这种分配不断进行，直到层析结束。在展层过程中，各组分在固定相和流动相间有不同的分配系数（分配系数指溶质在两相中的浓度之比），其迁移率R_f（R_f为原点到该溶质层析点中心距离与原点到流动相前沿距离之间的比值）也不同，经过一定时间后，可将各种色素分开。

叶绿素是叶绿酸的酯。叶绿酸是二羧酸，其羧基分别与甲醇和叶绿醇形成酯，故可与碱起皂化反应而生成醇（甲醇和叶绿醇）和叶绿酸的盐，产生的盐能溶于水中，可用此法将叶绿素与类胡萝卜素分开。

$$C_{32}H_{30}ON_4Mg \overset{COOCH_3}{\underset{COOC_{20}H_{39}}{}} + 2KOH \longrightarrow C_{32}H_{30}ON_4Mg \overset{COOK}{\underset{COOK}{}} + CH_3OH + C_{20}H_{39}OH$$
甲醇　叶绿醇
皂化叶绿素

叶绿素溶液在透射光下呈绿色，而在反射光下呈红色，这种现象称荧光。叶绿素吸收光量子而转变成激发态，激发态的叶绿素分子很不稳定，当它变回到基态时可发射出红光量子，因而产生荧光。叶绿素的化学性质很不稳定，容易受强光的破坏，特别是当叶绿素与蛋白质分离以后，破坏更快，而类胡萝卜素则较稳定。叶绿素中的镁可以被氢离子所取代而成褐色的去镁叶绿素。去镁叶绿素遇铜则成为铜代叶绿素。铜代叶绿素很稳定，在光下不易被破坏，故常用此法制作绿色多汁植物的浸渍标本。

叶绿素与类胡萝卜素都具有特定的吸收光谱，可用分光光度计精确测定。

根据朗伯–比尔定律，某有色溶液的吸光度D与其中溶液浓度C和液层厚度L成正比，即

$$D = KCL$$

式中，D 为吸光度，即吸收光的量；C 为溶液浓度；K 为比吸收系数（吸光系数）；L 为液层厚度，通常为 1 cm。

如果溶液中有数种吸光物质，则此混合液在某一波长下的总吸光度等于各组分在相应波长下吸光度的总和，这就是吸光度的加和性。今欲测定叶绿体色素混合提取液中叶绿素 a、b 和类胡萝卜素的含量，只需测定该提取液在三个特定波长下的吸光度 D，并根据叶绿素 a、b 及类胡萝卜素在该波长下的吸光系数即可求出其浓度。

叶绿素 a、b 的丙酮溶液在可见光范围内的最大吸收峰分别位于红光区和蓝紫光区，为了排除类胡萝卜素的干扰，所用单色光的波长选择叶绿素在红光区的最大吸收峰。

已知叶绿素 a、b 的 80% 丙酮提取液在红光区的最大吸收峰分别为 663 nm 和 645 nm，又知在波长 663 nm 处，叶绿素 a、b 在该溶液中的吸光系数分别为 82.04 和 9.27，在波长 645 nm 下分别为 16.75 和 45.60，可根据加和性原则列出以下关系式：

$$D_{663} = 82.04C_a + 9.27C_b \tag{1}$$

$$D_{645} = 16.75C_a + 45.60C_b \tag{2}$$

式中，D_{663} 和 D_{645} 为叶绿素溶液在波长 663 nm 和 645 nm 时的吸光度；C_a、C_b 分别为叶绿素 a 和 b 的浓度，mg/L。

解方程组（1）、（2），得

$$C_a = 12.7D_{663} - 2.69D_{645} \tag{3}$$

$$C_b = 22.9D_{645} - 4.68D_{663} \tag{4}$$

将 C_a 与 C_b 相加即得叶绿素总量 C_t：

$$C_t = C_a + C_b = 20.21D_{645} + 8.02D_{663} \tag{5}$$

由于叶绿素 a、b 在 652 nm 的吸收峰相交，两者有相同的比吸收系数（均为 34.5），也可以在此波长下测定吸光度（D_{652}）而求出叶绿素 a、b 总量：

$$C_t = C_a + C_b = D_{652} \times 1000/34.5 \tag{6}$$

丙酮提取液中类胡萝卜素的含量：$C_k = 4.7D_{440} - 0.27C_{a+b}$

由于叶绿体色素在不同溶剂中的吸收光谱有差异，因此，在使用其他溶剂提取色素时，计算公式也有所不同。

【实验材料】

卤地菊叶片。

【仪器设备及用品】

研钵、漏斗、滴管、大试管（带胶塞）、大头针、滤纸、电子天平、量筒、毛细管、试管、试管架、烧杯、酒精灯、玻棒、铁三脚架、火柴、可见分光光度计、25 mL 容量瓶、定量滤纸。

【药品试剂】

95% 乙醇、80% 丙酮、石英砂、乙醚、稀盐酸、醋酸铜粉末；

推动剂：石油醚：乙醚 = 4：1（体积比）；

KOH – 甲醇溶液：30 g KOH 溶入 100 mL 甲醇中，过滤后盛于塞有橡皮塞的试剂瓶中。

【实验步骤】

（一）叶绿体色素的提取

（1）取卤地菊叶片 1 g，去掉中脉剪碎，放入干燥的研钵中。

（2）研钵中加入少量石英砂，加 2～3 mL 95% 乙醇，研磨至糊状，再加 5 mL 95% 乙醇，研磨，过滤，即得色素提取液。

（二）叶绿体色素的分离

（1）点样。取前端剪成三角形的滤纸条，用毛细管取叶绿素提取液，如图 11 点样，点样 10 次以上，或采取画线方式也可。

（2）分离。在大试管中加入推动剂，然后将滤纸固定于胶塞的小钩上，插入试管中，使尖端浸入溶剂内（点样原点要高于液面，滤纸条边缘不可碰到试管壁），盖紧胶塞，直立于阴暗处层析。

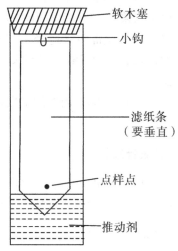

软木塞
小钩
滤纸条（要垂直）
点样点
推动剂

图 11　点样示意图

当推动剂前沿接近滤纸边缘时，取出滤纸，风干，观察色带的分布。叶绿素 a 为蓝绿色，叶绿素 b 为黄绿色，叶黄素为黄色，β – 胡萝卜素为橙黄色。用铅笔标出各种色素的位置和名称。

（三）将前面提取的叶绿体色素溶液适当稀释后，进行以下实验

1. 荧光现象的观察

取 1 支试管加入叶绿体色素提取液，在直射光下观察溶液的透射光与反射光颜色有何不同，可观察到反射出暗红色的荧光。

2. 氢和铜对叶绿素分子中镁的取代作用

取两支试管。第一支试管加叶绿体色素提取液 2 mL，作为对照。第二支试管加叶绿体色素提取液 2 mL，再加入稀盐酸数滴，摇匀，观察溶液颜色变化。当溶液变褐后，再加入少许醋酸铜粉末，微微加热，观察记录溶液颜色变化情况，并与对照试管相比较。解释其颜色变化的原因。

3. 皂化作用（绿色素与黄色素的分离）

取叶绿体色素提取液 2 mL 于试管中，加入 4 mL 乙醚，摇匀，再沿试管壁慢慢加入 5 mL 左右的蒸馏水，轻轻混匀，静置片刻，溶液即分为两层，色素已全部转入上层乙醚中。用滴管吸取上层绿色层溶液，放入另一试管中，在色素乙醚溶液中加入 1～2 mL 30% KOH – 甲醇溶液，充分摇匀，再加入 2 mL 蒸馏水，摇匀静置。可以看到溶液逐渐分为两层，下层是水溶液，其中溶有皂化的叶绿素 a 和 b；上层是乙醚溶液，其中溶有黄色的 β – 胡萝卜素和叶黄素。将上下层放入两试管中，可供观察吸收光谱用。

4. 叶绿体色素吸收光谱曲线

将上述叶绿体色素提取液注入 1 cm 比色杯中，另取 95% 乙醇作空白，于 400～700 nm 之间，每间隔 10 nm 读取光密度值。根据测定结果，以波长为横坐标绘制曲线，此即叶绿体色素的吸收光谱曲线。用同样的方法测定皂化作用中分离出绿色素与黄色素的吸收光谱曲线，并对结果进行分析。

（四）叶绿体色素的含量测定

（1）取卤地菊叶片，擦净组织表面污物，剪碎，混匀。

（2）称取剪碎的新鲜样品 0.1 g，放入研钵中，加少量石英砂及 2～3 mL 80% 丙酮，研磨匀浆，再加 80% 丙酮 5 mL，继续研磨。

（3）全部转移到 25 mL 棕色容量瓶中，用少量 80% 丙酮冲洗研钵、研棒及残渣数次，最后连同残渣一起倒入容量瓶中。最后用 80% 丙酮定容至 25 mL，摇匀。离心或过滤。

（4）以 80% 丙酮为空白，分别在波长 663 nm、645 nm、652 nm 和 440 nm 处测定吸光值。

【结果计算】

将测得的数值代入公式，分别计算叶绿素 a、b、a + b 和类胡萝卜素的浓度（mg/L），并按下式计算组织中单位鲜重的各色素的含量：

$$色素在叶片中的含量(mg/gFW) = \frac{色素浓度(mg/L) \times 提取液总体积(mL) \times 稀释倍数}{样品质量(g) \times 1000}$$

稀释倍数：若提取液未经稀释，则取 1。

【注意事项】

（1）为了避免叶绿素光分解，操作时应在弱光下进行，研磨时间应尽量短些。
（2）叶绿体色素提取液不能混浊。

【思考题】

（1）讨论层析结果与色素化学结构的关系。
（2）试述叶绿体色素的吸收光谱特点及生理意义。
（3）在皂化反应中加入乙醚有什么作用？

实验 37　香蕉的催熟、冷害及青皮熟现象的观察（实习）

【实验原理】

刚采收的香蕉不能立即食用，放置一段时间后，其色泽、芳香和风味才符合人们的食用要求，这一过程称为后熟。香蕉的自然后熟，其过程缓慢，成熟不均匀，而人工催熟可使其快速均匀成熟，香味较好，能及时供应市场。

香蕉是呼吸跃变型果实，当环境的乙烯浓度达到或超过一定的浓度（启动后熟过程的乙烯阈值）时，香蕉果实合成大量的乙烯，呼吸速率迅速提高，启动了果实的后熟过程。香蕉人工催熟的原理就是人为提高贮藏环境的乙烯浓度，加快后熟进程。通常可采用乙烯气体处理和乙烯利溶液处理两种方法，乙烯利溶液处理具有操作简单、条件容易满足等优点而普遍被使用。乙烯利的学名是 2 - 氯乙基膦酸，pH 4 以下稳定，当 pH 值大于 4.5（一般植物组织内的 pH 为 5～6）时，就缓慢放出乙烯气体，因此，当乙烯利溶液接触香蕉果实组织时，就缓慢放出乙烯气体，这样利用一定的包装便能提高香蕉贮藏环境的乙烯浓度。

香蕉的保鲜，一是防腐，二是延缓水果成熟过程。目前香蕉保鲜方法有低温冷藏、化学药剂防腐、气调和辐射保鲜等。其中化学药剂防腐保鲜技术简单且成本低，加上自发气调的聚乙烯薄膜袋包装效果好。

香蕉对温度非常敏感，温度较高会加速乙烯的产生和香蕉的后熟；温度较低香蕉容易产生冷害，影响后熟和品质风味，所以香蕉的贮藏温度为 11～13℃。

【实验材料】

刚从果园采收回来、已去轴落梳的香蕉果实。

【仪器设备及用品】

人工气候箱、1000 mL 量筒 2 个，10 mL 移液管 3 支、塑料盆，聚乙烯包装袋。

【药品试剂】

漂白粉、乙烯利（有效浓度为 40%）。

【实验步骤】

（1）将香蕉果实用刀分开，剔除质量较差的、有病虫害或机械伤的果，每份 4～5 条。

（2）配制 5000 mL 0.1% 漂白粉溶液，将香蕉果实放入其中，洗去果实表面的乳汁、杂物和干枯小花，然后用清水冲洗，稍微晾干。

然后分别进行以下处理：

1. 香蕉的催熟和青皮熟现象观察

（1）分别配制 500，1 000，2 000 μL/L 的乙烯利溶液。将已冲洗干净的香蕉果实分别放入不同浓度的乙烯利溶液中处理 2 min，取出晾干，以清水为对照。

（2）用聚乙烯包装袋分别密封包装三个处理的香蕉果实，写好标签。分别放在15℃、20℃、30℃下。

（3）香蕉果实密封 24 小时后打开包装袋的袋口通风透气，稍封袋口或去除包装，作进一步观察，记录每一处理的香蕉果实出现软熟的时间和外观症状。

2. 香蕉的冷害观察

经清洗消毒的香蕉果实，采用聚乙烯包装袋分别密封包装或无包装，放入 10℃ 以下冰箱中，观察和记录香蕉果实外观变化。

【思考题】

（1）比较哪一处理的香蕉果实先软熟，并说明原因。

（2）香蕉果实密封 24 h 后，为什么要打开包装袋的袋口通风透气？透气后，密封程度应降低，为什么？

实验 38　转基因植物基因组水平上的快速鉴定

【实验原理】

外源基因插入转基因植物的基因组中，可通过 PCR 方法从植物的总基因组中扩增出来插入基因的特异片段，而野生型植物中无特异插入片段，从而可以确定植株是否是转基因植物。

【实验材料】

四周苗龄的转基因拟南芥。

【仪器设备及用品】

普通 Eppendorf 台式小离心机，PCR 仪，核酸电泳仪，1.5 mL 离心管，小剪刀，1 mL、200 μL、10 μL 移液枪，液氮。

【试剂药品】

琼脂糖、无水乙醇、异丙醇、去离子水 500 mL 两瓶、核酸电泳 TAE 缓冲液。

【实验步骤】

1. DNA 快速提取步骤

(1) 剪幼嫩的植物叶片 $0.5 \sim 1 \, cm^2$，放入 1.5 mL 离心管中。

(2) 在液氮中研磨至粉末状。

(3) 加 400 μL SDS 提取液于离心管中，研磨混匀。

(4) 室温 12 000 r/min 离心 3 min。

(5) 取 300 μL 上清液于新离心管中，加入 300 μL 异丙醇。

(6) 轻轻混匀，室温离心 5 min。

(7) 倒掉上清液，加入 300 μL 70% 乙醇，室温离心 3 min。

(8) 倒掉上清液，风干离心管。

(9) 加入 40 μL dd H_2O，溶解 DNA。

(10) PCR 反应体系：

总反应体系 20 μL，含：

模板 DNA	4 μL
10 μmol/L 正反向引物各	1 μL
dNTP	3 μL
10X buffer	2 μL

                              LA Taq 酶   0.5 μL
                              ddH₂O   9 μL

2．PCR 反应程序

94 度预变性 1 min。

35 Cycles：

    94 度变性 30 s；

    55 度退火 30 s；

    72 度延伸 45 s，最后 72 度延伸 10 min。电泳检测。

【结果分析】

根据电泳结果分析所检测株系是否为转基因植株。

【思考题】

（1）基因组水平上的 PCR 检测法运用于哪些类型的转基因植物检测？

（2）除了基因组 PCR 方法外还有哪些方法可检测鉴定植物是否会有外源插入基因？

实验 39　生长素报告基因在拟南芥中的表达分析

【实验原理】

生长素在分子水平上影响着大量基因的表达，生长素诱导的基因分为两类即早期基因和晚期基因，其中早期基因对生长素响应非常迅速，通常在 $5 \sim 10\ min$ 之内即可在转录水平上检测到它们的表达。在本实验中，我们采用对生长素敏感的报告基因 $DR5_{pro}$-GUS 或 $IAA2_{pro}$-GUS，该基因广泛地被用在生长素生物分析之中。DR5 启动子是一种人工合成的、类似 GH3 的启动子，它含有多个保守的生长素响应因子，对生长素处理显示很强的诱导活性。而 IAA2 启动子为生长素诱导基因 IAA2 的内源启动子。GUS 基因是从大肠杆菌中分离出的一个非常敏感的报告基因，编码 β-葡萄糖苷酶，它与底物 X-Gluc（即 5-溴-4-氯-3-吲哚-D-半乳糖苷）反应生成一种不溶的蓝色产物，使我们很容易观察到 GUS 基因的表达。通过农杆菌介导的转化法，我们获得了拟南芥 DR5-GUS（或 IAA2-GUS）转基因植株。本实验我们将采用 DR5-GUS（或 IAA2-GUS）植株的生物分析法显明植株对生长素信号的应答反应。要求学生在教师指导下独立操作，完成实验内容，并用所学的理论知识综合分析，写出实验报告。

【实验材料】

苗龄为 1 周的 $DR5_{pro}$-GUS（或 $IAA2_{pro}$-GUS）转基因无菌幼苗。

【仪器设备及用品】

超净工作台，摇床，37℃温箱，真空泵，微量加样器（移液枪）$50 \sim 200\ \mu L$，$2 \sim 20\ \mu L$，无菌的滤纸，无菌三角瓶（50 mL）6 个，保鲜膜，灭菌的镊子，无菌的培养皿。

萘乙酸（NAA）母液 1mg/mL（5.4 mmol/L），终浓度为 $1\ \mu mol/L$，GUS 染色溶液 $0.1 \sim 0.5\ mg/mL$，70% 酒精，无菌水，冰。

【实验步骤】

（1）用 2% 次氯酸钠表面消毒转基因拟南芥 $DR5_{pro}$-GUS（或 $IAA2_{pro}$-GUS）的种子，用无菌水洗净后，置于 1/2 MS 植物培养基上，在光下培养 1 周。

（2）用镊子小心取出幼苗，放置于含有 0.5 mL 的 $1\ \mu mol/L$ NAA 的水溶液中在摇床上室温培养 $1 \sim 3\ h$，不加 NAA 的水溶液处理的幼苗作为对照。

（3）取出幼苗，用滤纸吸干幼苗上的水分，放置在微量离心管中，每管放置 $3 \sim 5$ 株幼苗，加入 $100\ \mu L$ GUS 染色溶液，由于 GUS 反应的底物非常昂贵，每位同学只能做一个样品，未经生长素处理的对照全班做 5 个样品，不必每人都做一个样品。

（4）置于37℃温箱中反应，每隔1 h观察幼苗颜色的变化，通常2～3 h之后反应可以终止。加入70%酒精浸泡幼苗以除去叶片的叶绿素，并更换酒精几次。

【结果分析】

观察比较对照组和带有转基因的实验组GUS染色部位和染色强度，分析其原因。

【思考题】

根据实验观察到的现象，联系理论知识，简述该实验中涉及的生长素信号传导途径。

实验 40　半定量 RT-PCR 检测拟南芥叶片基因表达

【实验原理】

RT-PCR（Reverse Transcription-Polymerase Chain Reaction）是以 RNA 为模板，在反转录酶的作用下，由人工合成引物介导生成 cDNA 第一链，以此作为 PCR 反应的模板，在 Taq DNA 聚合酶作用下，扩增产生大量 DNA 片断。该方法理论上有一个单拷贝 cDNA 模板即可完成扩增，因此它比较适合进行基因表达的定量研究，是一种常用、简易的具有较高灵敏度和特异性的基因表达检测方法。

RT-PCR 方法有荧光实时定量 RT-PCR（Real Time PCR）和半定量 RT-PCR 法，Real Time 定量 PCR 法对实验仪器和样本处理的要求较高，而半定量 PCR 法对实验条件的要求不高，它的主要特点是选择一个标准内参基因，以消除实验样品量的误差，样本间用于比较的值不是绝对值，而是相对值，因此称半定量 RT-PCR 法。

【实验材料】

较高质量的拟南芥叶片 RNA。

【仪器设备及用品】

微量离心管、移液器、无菌枪头、PCR 仪、核酸电泳仪、电泳槽、微波炉、核酸紫外凝胶成像系统等。

【试剂药品】

① DEPC 水（无菌水加 0.01% DEPC 搅拌过夜后高温高压灭菌 2 次）；

② DNase Ⅰ；

③ 苯酚∶氯仿∶异戊醇(25∶24∶1)（体积比）混合液；

④ 氯仿∶异戊醇(24∶1)（体积比）混合液；

⑤ 无水乙醇；

⑥ 70% 无水乙醇（贮于 −20℃）；

⑦ 3 mol/L 醋酸钠（pH 5.2）；

⑧ TaKaRa PrimeScript RT reagent kit；

⑨ rTaq Mix（按普通 rTaq 体系，配制 Mix）；

⑩ 琼脂糖；

⑪ 核酸染料 Golden View。

【实验步骤】

（1）去除 RNA 样品中的基因组 DNA

采用 TaKaRa 公司的 DNase Ⅰ（RNase Free），去除 RNA 中的基因组 DNA。在微量离心管中配置下列反应液：

总 RNA	$20 \sim 50\,\mu g$
DNase Ⅰ（RNase-free，$5\,U/\mu L$）	$2\,\mu L$
$10 \times$ DNase Ⅰ Buffer	$5\,\mu L$
Rnase Inhibitor（$40\,U/\mu L$）	$0.5\,\mu L$
DEPC H_2O	$50\,\mu L$

混合好后 37 ℃ 反应 $20 \sim 30\,min$，再加入 $50\,\mu L$ 的 DEPC H_2O 混合，加入 $100\,\mu L$ 的苯酚:氯仿:异戊醇(25:24:1) 混合液充分混匀，以 $12\,000\,r/min$ 离心 $5\,min$，取上层移至另一离心管中。加入等体积的氯仿:异戊醇(24:1) 混合液，充分混匀，离心，取上层移至另一离心管中，加入 1/10 体积的 $3\,mol/L$ NaAc（pH5.2）、2.5 倍体积的冷无水乙醇，-20℃ 放置 $30 \sim 60\,min$。以 $12\,000\,r/min$ 离心 $20\,min$，回收沉淀，用 70% 的冷无水乙醇清洗沉淀，真空干燥沉淀。用 $20\,\mu L$ 的 DEPC H_2O 溶解沉淀，进行 1% 的琼脂糖凝胶电泳检测是否除去基因组 DNA。

（2）RNA 样品浓度的测定及调整

用分光光度计测定已经除去基因组 DNA 的 RNA 样品的浓度，对浓度高的样品进行稀释，把所有样品的浓度调整为 $200\,ng/\mu L$，重新测定各 RNA 样品的浓度。取调整后的样品 $1\,\mu L$ 进行 1% 的琼脂糖电泳检测，以检测各样品 18S 和 28S 条带亮度是否相近，或与所测的浓度是否相对应。

（3）cDNA 第一链的合成

按上述浓度计算取 $500\,ng$ RNA 的体积，移取 RNA，采用 TaKaRa PrimeScript RT reagent kit 进行 cDNA 第一链合成。

按下列组分配制 RT 预混液：

Oligo dT Primer（$50\,\mu mol/L$）	$1\,\mu L$
dNTP Mixture（$10\,mmol/L$ each）	$1\,\mu L$
Template RNA	$500\,ng$
RNase free H_2O	$10\,\mu L$

在 PCR 仪上进行如下反应：

65℃ 变性 10min，后立即冰上速冷，离心 30 s，使预混液集中管底。

（4）取第 3 步反应混合液，按下列组分配制 RT 反应液：

反应混合液	$10\,\mu L$
$5 \times$ PrimeScrip Buffer	$4\,\mu L$
RNase Inhibitor（$40\,U/\mu L$）	$0.5\,\mu L$
PrimeScript RTase（$200\,U/\mu L$）	$1\,\mu L$
RNase free H_2O	$20\,\mu L$

在 PCR 仪上进行反转录反应条件如下：

42℃　　　60 min　　（反转录反应）

95℃　　　5 min　　（反转录酶失活反应）

（5）第一链反应结束后，取 0.2 mL PCR 反应管，用微量加样枪按下述顺序分别加入各试剂：

第一链 cDNA	1 μL
rTaq Mix	12.5 μL
上游引物（10 μmol/L）	1 μL
下游引物（10 μmol/L）	1 μL
RNase Free H$_2$O	25 μL

注意：在一次半定量 PCR 基因分析中，每个基因至少重复三次。

（6）将配好反应体系的 PCR 反应管置小型离心机中瞬时离心，使反应液集中于管底，然后将反应管放到基因扩增仪（PCR 仪）上，进行扩增，扩增程序如下：

① 98℃　　5 min

② 98℃　　30 s

　　Tm　　30 s　　}　30 循环（目的基因）

　　72℃　　1 min　　　28 循环（内参基因）

③ 72℃　　5 min

④ 4℃　　∞

（7）取 10 μL 的 PCR 产物进行 1% 琼脂糖凝胶电泳，根据条带亮度的不同来确定表达量的差异。

【实验结果及分析】

根据所得结果，分析检测基因在不同叶片样品中的表达情况。

【注意事项】

（1）半定量 RT-PCR 对样品量移取要求相对高，所以一定要准确移取。

（2）实验中所涉及的酶及溶剂对身体有一定伤害作用，须注意防护。

【思考题】

（1）如何用半定量 RT-PCR 分析基因表达情况？

（2）半定量 RT-PCR 实验中，为什么要求去除 RNA 中的基因组 DNA？如果不去除，会有什么影响？

（3）半定量 RT-PCR 中，内参基因有什么作用？

实验 41　Trizol 法提取植物总 RNA 及其质量和浓度检测

【实验原理】

在植物分子生物学研究中，分离纯净、完整的 RNA 分子是进行基因表达分析的基础。在总 RNA 中，75%～85% 为 rRNA（主要是 28S 和 18S rRNA），其余的由分子量大小和核苷酸序列各不相同的 mRNA 和小分子 RNA（如 tRNA、snRNA 及 snoRNA 等）组成。

为了获得高质量的 RNA，必须控制 RNA 酶的活性，也就是要避免 RNA 酶的污染。Trizol 试剂是由苯酚和硫氰酸胍配制而成的单相的快速抽提总 RNA 的试剂，可以在提取过程中有效抑制 RNA 酶的活性，同时在匀浆和裂解过程中，能在破碎细胞、降解细胞其他成分的同时保持 RNA 的完整性。Trizol 试剂提取后，利用有机溶剂氯仿进一步纯化，氯仿比重大，溶液分为水相、中间层和有机相。RNA 在上层水相中，DNA 和蛋白质位于中间层，有颜色的下层为有机相。收集水相，用异丙醇沉淀 RNA。用这种方法得到的总 RNA 中蛋白质和 DNA 污染很少，可以用来做 Northern、RT-PCR、Real-time PCR，分离 mRNA，体外翻译和分子克隆等。

RNA 所含碱基的苯环结构（嘌呤环和嘧啶环）的共轭双键具有紫外吸收的性质，它们在 260nm 处有最大的吸收峰。因此，可以用 260nm 波长进行核酸含量的测定。当 $OD_{260} = 1$ 时，RNA 含量约为 $40\mu g/mL$。

当 RNA 样品中含有蛋白质、酚或其他小分子污染物时，会影响 RNA 吸光度的准确测定。由于 RNA 在 260nm 处有最大的吸收峰，蛋白质在 280nm 处有最大的吸收峰，盐和小分子则集中在 230nm 处，因此，一般情况下同时检测同一样品的 OD_{260}、OD_{280} 和 OD_{230}，计算它们的比值来判断核酸样品的纯度：

$1.8 < OD_{260}/OD_{280} < 2.0$，表示为纯的 RNA；

$OD_{260}/OD_{280} < 1.8$，表示有蛋白质或酚污染；

$OD_{260}/OD_{280} > 2.0$，表示可能有异硫氰酸残存。

OD_{230}/OD_{260} 的比值应在 $0.4～0.5$ 之间，若比值较高说明有残余的盐和小分子（如核苷酸、氨基酸、酚等）存在。

所提取的 RNA 可用琼脂糖凝胶电泳检测其完整性。完整的 RNA 的电泳可明显地观察到 28S 和 18S 两条带，并且 28S 的信号强度大约是 18S 的两倍。若两条带不明显，则说明 RNA 部分降解，最可能的原因是污染了 RNA 酶。

【实验材料】

选取生长良好的拟南芥幼叶、成熟叶和衰老叶各 0.1g，铝箔纸包裹，液氮速冻于

－80℃保存备用。

【仪器设备及用品】

冷冻高速离心机、研钵、1.5 mL离心管、移液器、无菌枪头、电泳仪、电泳槽、核酸微量分光光度计、核酸紫外凝胶成像系统等。

【试剂药品】

① DEPC水（无菌水加0.01% DEPC搅拌过夜后高温高压灭菌2次）；

② Trizol试剂；

③ 氯仿；

④ 异丙醇；

⑤ 70%乙醇（使用DEPC水配制）；

⑥ 琼脂糖；

⑦ 核酸染料Gold View。

【实验步骤】

1. RNA提取

（1）取拟南芥叶片各0.1 g，放于研钵之中（研钵需用液氮预冷），不断研磨，并添加液氮2～3次，待液氮挥发将完时加入500 μL Trizol试剂，迅速研磨，然后再加液氮研磨1次。

（2）将研磨的匀浆移入含有1 mL Trizol溶液的1.5 mL的离心管中，剧烈振动混匀。

（3）室温静置5 min，4℃以13000 r/min离心5 min。

（4）吸取上清液，转入新离心管中。

（5）加入400 μL氯仿，剧烈震荡混匀10次，室温静置3～5 min，4℃以13000 r/min离心15 min。

（6）离心后分层（注意观察此时液体分三层），吸取最上层（避免接触下层），转入新的离心管中。

（7）加1 mL预冷异丙醇，于－80℃放置1～2 h，或－20℃过夜。

（8）室温放置10 min，4℃以13000 r/min离心15 min。

（9）弃上清液，留取沉淀，加预冷1 mL 70%乙醇振荡洗涤沉淀。

（10）4℃以13000 r/min离心15 min，弃上清液，留取沉淀。

（11）加40 μL DEPC水溶解RNA，－80℃保存备用。

2. RNA完整性及质量检测

（1）用0.5×TBE配制1%琼脂糖凝胶，冷却至60℃左右后加3 μL Gold View，倒板。

（2）上述提取好的RNA样品2 μL与1 μL 6×上样缓冲液混匀后点样。

（3）电泳30 min，电压为70～80 V，在核酸紫外观察仪上观察RNA完整性。

（4）利用核酸微量分光光度计测RNA浓度和纯度，并记录。

【实验结果及分析】

根据所得结果，分析所提取 RNA 的完整性及纯度。

【注意事项】

（1）RNA 提取过程中，Trizol 等有机溶剂有剧毒，在实验中要做好安全防护工作。

（2）实验中，避免说话及其他容易导致 RNA 酶污染的行为，养成良好的 RNA 提取过程中的洁净意识。

【思考题】

RNA 提取过程中的关键步骤及须特别注意的环节有哪些？

附录1 玻璃仪器的洗涤

1．一般的玻璃仪器(包括烧杯、试管、量筒等)
(1) 倒去溶液，用自来水冲洗。
(2) 用毛刷沾去污粉，刷洗内外壁，用自来水冲洗。
(3) 用适量的蒸馏水或离子交换水冲洗3次。
(4) 把洗净的仪器倒置在篮子里或试管架中。
2．精密的玻璃仪器(包括移液管、容量瓶、滴定管等)
(1) 用自来水冲洗，沥干。
(2) 用洗液浸泡过夜，用自来水冲洗。
(3) 用蒸馏水或去离子水冲洗。
3．胶头滴支
(1) 小心取下胶头。
(2) 用自来水冲洗，沥干。
(3) 把洗净的胶头和滴支放在小烧杯里。

注意：洗净的玻璃仪器内外壁应不挂水珠。

附注：现在玻璃仪器可用超声波清洗器清洗。

附录 2 DDS-11A 型电导率仪的使用方法

1. 未打开电源开关之前，电表指针应指零；否则，应调整表头螺丝使指针指零。

2. 打开电源开关，指示灯即亮，预热至指针稳定为止。

3. 把开关拨至"校正"挡，调节"调正"旋钮使指针停在最大刻度。

4. 当被测物的电导率低于 $300\,\mu S/cm$ 时，将开关拨向"低周"；当被测物的电导率为 $300\sim10^3\,\mu S/cm$ 时，将开关拨向"高周"。

5. 将量程开关打到所需范围。若初测不知测量范围的大小，应先将量程开关打到最大位置，然后逐格下降，以防过载，否则指针迅速摆动时易被打弯。

6. 将电极插入电极插口内，旋紧插门上的紧固螺丝，同时把电极常数调节器调节在与之配用的电极常数相应的位置上。(测量范围在 $10\sim10^4\,\mu S/cm$ 时，使用 DJS-I 型铂黑电极；当被测物的电导率大于 $10^4\,\mu S/cm$ 时，则应选用 DJS-10 型铂黑电极，这时应调节在与之所配用电极常数 1/10 的位置上，例如，电极常数为 9.8，则应调节在 0.98 位置上，但要将测得的读数乘以 10，即为被测液的电导率。)

7. 将电极完全浸入待测液中，把开关打到"测量"挡，用电表读数乘以量程开关所指的倍数(量程开关指红色时读表中的红色数字；指黑色时则读黑色数字)，即为被测溶液的电导率。

8. 每测完一个样品，必须用蒸馏水冲洗电极，然后用滤纸吸干水珠，再测另一个样品。

附录 3　滴定管的使用方法

1. 滴定管使用前应先试漏。
2. 滴定管装满溶液后，应擦干管壁外的溶液。
3. 每次滴定最好从零刻度开始，以消除滴定管本身引起的误差。
4. 滴定前"初读"零点，静置 $1\sim2\,min$，再读一次，如液面仍为零才能开始滴定。滴定时应控制速度使液滴如"断线珍珠"，接近终点时，应一滴一滴加入，滴定至终点后，须等 $1\sim2\,min$，使附着在内壁的溶液流下来以后再读。"终读"也至少读 2 次。
5. 读数时滴定管可夹在滴定管架上或手持滴定管上端，使垂直读取刻度。读数时视线应与液面处在同一水平上，读取弯液面下缘最低点的数值。

　　附注：碱式滴定管排除尖端气泡方法：左手持滴定管稍倾斜，右手将胶管弯曲向上，捏开玻璃珠，气泡即被溶液排出。

附录4 721分光光度计的工作原理及使用方法

一、工作原理

分光光度的基本原理是溶液中的物质在光的照射激发下，产生了对光吸收的效应，物质对光的吸收是具有选择性的，各种不同的物质都具有其各自的吸收光谱，因此，当某单色光通过溶液时，其能量会因被吸收而减弱，光能量减弱的程度和物质的浓度成一定的比例关系，即符合朗伯－比耳定律。

$$T = I/I_0$$

$$\lg I_0/I = KcL$$

$$A = KcL$$

式中，T 为透射比；I 为透射光强度；I_0 为入射光强度；K 为吸收系数；c 为溶液的浓度；L 为溶液的光路长度；A 为吸光度。

从以上公式可以看出，当入射光强度、吸收系数和溶液的光路长度不变时，透射光强度因溶液的浓度而变化。721型分光光度计的基本原理是根据上述物理光学现象而设计的。

二、使用方法

（1）使用前，应先了解本仪器的工作原理及各个操作旋钮的功能。

（2）未接通电源时，电表的指针必须位于"0"刻度线上。

（3）接通电源，指示灯即亮，打开暗箱盖，选择波长，灵敏度的选择按步骤（4），仪器预热20 min。

（4）灵敏度有5挡，"1"挡最低，其选择原则是保证空白挡良好调到"100"的情况下，尽可能采用灵敏度较低挡，这样仪器将有更高的稳定性。所以使用时一般置"1"挡，当灵敏度不够时再逐渐升高，但改变灵敏度后须重新调"0"和"100%"。

（5）将空白和待测溶液分别倒入比色杯中，高度约为比色杯的2/3。手拿比色杯的毛面，用纸巾自上而下抹干比色杯外壁的溶液。将比色杯的光面对准光路放置，空白放第一格，样品依次往里放。

（6）调节"调零旋钮"使电表指"0"，然后轻轻将暗箱盖合上（动作一定要轻，不可突然放下），光路对准空白溶液，旋转"调满度旋钮"使电表指"100%"。

（7）拉动比色杯拉杆，使样品对准光路（应听到"嗒"的一声），电表上的读数即为被测溶液的吸光值。

（8）测定完毕，打开暗箱盖，取出比色杯，洗净放回原处。

注意：暗箱内未放置样品时，切勿长时间将盖盖上，以防元件老化。

附录5　常用缓冲液的配制

一、磷酸盐缓冲液的配制

母液：

A：0.2mol/L Na_2HPO_4 溶液（取 $Na_2HPO_4 \cdot 2H_2O$ 35.61g 或 $Na_2HPO_4 \cdot 7H_2O$ 53.65g 或 $Na_2HPO_4 \cdot 12H_2O$ 71.64g 加蒸馏水溶解并稀释至1000mL）。

B：0.2mol/L NaH_2PO_4 溶液（取 $NaH_2PO_4 \cdot H_2O$ 27.6g 或 $NaH_2PO_4 \cdot 2H_2O$ 31.21g 加蒸馏水溶解并稀释至1000mL）。

x mL A + y mL B，稀释至200mL

pH	x	y	pH	x	y
5.7	6.5	93.5	6.9	55.0	45.0
5.8	8.0	92.0	7.0	61.0	39.0
5.9	10.0	90.0	7.1	67.0	33.0
6.0	12.3	87.7	7.2	72.0	28.0
6.1	15.0	85.0	7.3	77.0	23.0
6.2	18.5	81.5	7.4	81.0	19.0
6.3	22.5	77.5	7.5	84.0	16.0
6.4	26.5	73.5	7.6	87.0	13.0
6.5	31.5	68.5	7.7	89.5	10.5
6.6	37.5	62.5	7.8	91.5	8.5
6.7	43.5	56.5	7.9	93.0	7.0
6.8	49.0	51.0	8.0	94.7	5.3

二、醋酸盐缓冲液的配制

母液：

A：0.2mol/L 醋酸液（11.55 mL 稀释至1000 mL）。

B：0.2mol/L 醋酸钠溶液（16.4g $C_2H_3O_2Na$ 或 27.2g $C_2H_3O_2Na \cdot 3H_2O$ 溶至1000 mL）。

xmL A + ymL B，稀释至 100mL

pH	x	y	pH	x	y
3.6	46.3	3.7	4.8	20.0	30.0
3.8	44.0	6.0	5.0	14.8	35.2
4.0	41.0	9.0	5.2	10.5	39.5
4.2	36.8	13.2	5.4	8.8	41.2
4.4	30.5	19.5	5.6	4.8	45.2
4.6	25.5	24.5			

三、柠檬酸－磷酸缓冲液的配制

母液：

A：0.1mol/L 柠檬酸溶液（19.21g 溶至 1000 mL）。

B：0.2mol/L 磷酸氢二钠溶液（53.65g Na$_2$HPO$_4$·7H$_2$O 或 71.7g Na$_2$HPO$_4$·12H$_2$O 溶至 1000mL）。

xmL A + ymL B，稀释至 100mL

pH	x	y	pH	x	y
2.6	44.6	5.4	5.0	24.3	25.7
2.8	42.2	7.8	5.2	23.3	26.7
3.0	39.8	10.2	5.4	22.2	27.8
3.2	37.7	12.3	5.6	21.0	29.0
3.4	35.9	14.1	5.8	19.7	30.3
3.6	33.9	16.1	6.0	17.9	32.1
3.8	32.3	17.7	6.2	16.9	33.1
4.0	30.7	19.3	6.4	15.4	34.6
4.2	29.4	20.6	6.6	13.6	36.4
4.4	27.8	22.2	6.8	9.1	40.9
4.6	26.7	23.3	7.0	6.5	43.6
4.8	25.2	24.8			

四、柠檬酸－柠檬酸钠缓冲液（0.1mol/L）的配制

母液：

A：0.1mol/L 柠檬酸（21.01g 溶至 1000 mL）。

B：0.1mol/L 柠檬酸钠（29.41g 溶至 1000 mL）。

xmL A + ymL B

pH	x	y	pH	x	y
3.0	18.6	1.4	5.0	8.2	11.8
3.2	17.2	2.8	5.2	7.3	12.7
3.4	16.0	4.0	5.4	6.4	13.6
3.6	14.9	5.1	5.6	5.5	14.5
3.8	14.0	6.0	5.8	4.7	15.3
4.0	13.1	6.9	6.0	3.8	16.2
4.2	12.3	7.7	6.2	2.8	17.2
4.4	11.4	8.6	6.4	2.0	18.0
4.6	10.3	9.7	6.6	1.4	18.6
4.8	9.2	10.8	6.8		

五、Tris 缓冲液的配制

母液：

A：0.2mol/L 三羟甲基氨基甲烷(Tris)(24.2g 溶至 1000mL)。

B：0.2mol/L HCl。

50mL A + xmL B，稀释至 200mL

pH	x	pH	x
9.0	5.0	8.0	26.8
8.8	8.1	7.8	32.5
8.6	12.2	7.6	38.4
8.4	16.5	7.4	41.4
8.2	21.9	7.2	44.2

六、甘氨酸 – 盐酸缓冲液的配制

母液：

A：0.2mol/L 甘氨酸溶液(15.01g 溶至 1000 mL)。

B：0.2mol/L HCl。

50mL A + xmL B，稀释至 200mL

pH	x	pH	x
3.6	5.0	2.8	16.8
3.4	6.4	2.6	24.2
3.2	8.2	2.4	32.4
3.0	11.4	2.2	44.0

附录6 常用指示剂的配制

1. 酚酞指示剂

取酚酞 1g，加 95% 乙醇 100 mL 使溶解，即得。变色范围为 pH 8.3～10.0(无色－红)。

2. 淀粉指示液

取可溶性淀粉 0.5g，加水 5 mL 搅匀后，缓缓倾入 100 mL 沸水中，随加随搅拌，继续煮沸 2 min，放冷，取上清液即得。注：本液应临用前配制。

3. 碘化钾淀粉指示液

取碘化钾 0.2g，加新制的淀粉指示液 100 mL 使溶解，即得。

4. 甲基红指示液

取甲基红 0.1g，加氢氧化钠液(0.05 mol/L)7.4 mL 使溶解，再加水稀释至 200 mL，即得。变色范围为 pH 4.2～6.3(红－黄)。

5. 甲基橙指示液

取甲基橙 0.1g，加水 100 mL 使溶解，即得。变色范围为 pH 3.2～4.4(红－黄)。

6. 中性红指示液

取中性红 0.5g，加水使溶解成 100 mL，过滤，即得。变色范围为 pH 6.8～8.0(红－黄)。

7. 孔雀绿指示液

取孔雀绿 0.3g，加冰醋酸 100 mL 使溶解，即得。变色范围为 pH 0.0～2.0(黄－绿)；11.0～13.5(绿－无色)。

8. 对硝基酚指示液

取对硝基酚 0.25g，加水 100 mL 使溶解，即得。

9. 刚果红指示液

取刚果红 0.5g，加 10% 乙醇 100 mL 使溶解，即得。变色范围为 pH 3.0～5.0(蓝－红)。

10. 结晶紫指示液

取结晶紫 0.5g，加冰醋酸 100 mL 使溶解，即得。

附录7 常用酸碱试液配制及其相对密度、浓度

常用酸碱试液配制及其相对密度、浓度

名　称	化学式	相对密度（20℃）	质量分数/%	质量浓度 g/mL	量浓度 mol/L	配制方法
浓盐酸	HCl	1.19	38	44.30	12	
稀盐酸	HCl			10	2.8	浓盐酸234mL加水至1000mL
浓硫酸	H_2SO_4	1.84	96～98	175.9	18	
稀硫酸	H_2SO_4			10	1	浓硫酸55mL缓缓倾入约800mL水中，并加水至1000mL
浓硝酸	HNO_3	1.42	70～71	99.12	16	
稀硝酸	HNO_3			10	1.6	浓硝酸105mL缓缓加入约800mL水中，并加水至1000mL
冰醋酸	CH_3COOH	1.05	99.5	104.48	17	
稀醋酸	CH_3COOH			6.01	1	冰醋酸60mL加水稀释至1000mL
高氯酸	$HClO_4$	1.75	70～71		12	
浓氨溶液	$NH_3 \cdot H_2O$	0.90	25%～27% NH_3	22.5%～24.3% NH_3	15	
氨试液（稀氢氧化氨液）	NH_4OH	0.96	10% NH_3	9.6% NH_3	6	浓氨液400mL加水稀释至1000mL

附录8 计量单位

一、中华人民共和国法定计量单位(1991年1月1日起执行)

国际单位制的基本单位

量的名称	单位名称	单位符号
长度	米	m
质量	千克(公斤)	kg
时间	秒	s
电流	安[培]	A
热力学温度	开[尔文]	K
物质的量	摩[尔]	mol
发光强度	坎[德拉]	cd

用基本单位表示的国际制导出单位

量的名称	单位名称	单位符号
面积	平方米	m^2
体积	立方米	m^3
速度	米每秒	m/s
密度	千克每立方米	kg/m^3
(物质的量)浓度	摩[尔]每立方米	mol/m^3
光亮度	坎[德拉]每平方米	cd/m^2

国际单位中具有专门名称的导出单位

量的名称	单位名称	单位符号	关系式
频率	赫[兹]	Hz	s^{-1}
力;重力	牛[顿]	N	$kg \cdot m/s^2$
压力;压强;应力	帕[斯卡]	Pa	N/m^2
能量;功;热	焦[耳]	J	$N \cdot m$
功率;辐射通量	瓦[特]	W	J/s
电位;电压;电动势	伏[特]	V	W/A
电阻	欧[姆]	Ω	V/A
电导	西门子	S	A/V
光通量	流[明]	lm	$cd \cdot Sr$
[光]照度	勒[克斯]	lx	lm/m^2

106

国家选定的非国际单位制单位

量的名称	单位名称	单位符号	换算关系式
时间	分	min	$1min = 60\,s$
	小时	h	$1h = 60min = 3600\,s$
	日	d	$1d = 24h = 86400\,s$
体积	升	L	$1L = 1dm^3 = 10^{-3}\,m^3$

常用国际制词冠

表示的因数	词冠名称	中文代号	国际代号
10^6	兆(mega)	兆	M
10^3	千(kilo)	千	k
10^2	百(hecto)	百	h
10^1	十(deca)	十	da
10^{-1}	分(deci)	分	d
10^{-2}	厘(centi)	厘	c
10^{-3}	毫(milli)	毫	m
10^{-6}	微(micro)	微	μ
10^{-9}	纳[诺](nano)	纳[诺]	n

二、常用非法定计量单位与法定计量单位的换算

非法定计量单位	换算
英里(mile)	$1mile = 1609.344\,m$
英尺(ft)	$1ft = 12in = 0.3048\,m$
英寸(in)	$1in = 0.0254m = 2.54\,cm$
埃(Å)	$1Å = 10^{-10}m = 0.1\,nm$
巴(bar)	$1bar = 10^5\,Pa$
毫米水柱(mmH$_2$O)	$1mmH_2O = 9.80665\,Pa$
毫米汞柱(mmHg)	$1mmHg = 133.322\,Pa$
卡(cal)	$1cal = 4.1868\,J$

三、基本常数

类　别	换　算
气体常数	$R = 8.3144 \, \text{J}/(\text{mol} \cdot \text{K})$
	$= 0.0831441 \, \text{dm}^3 \cdot \text{bar}/(\text{mol} \cdot \text{K})$
	$= 0.082057 \, \text{dm}^3 \cdot \text{atm}/(\text{mol} \cdot \text{K})$
	$= 8314.41 \, \text{dm}^3 \cdot \text{Pa}(\text{mol} \cdot \text{K})$
标准大气压	$P = 103125 \, \text{N}/\text{m}^2$
理想气体的摩尔体积 （在标准温度气压下）	$V_m = 22.41383 \, \text{dm}^3 \cdot \text{mol}^{-1}$

附录9 常用有机溶剂及其主要性质

常用有机溶剂及其主要性质

名　称	化 学 式	相对分子质量	溶 解 性	性　质
甲醇	CH_3OH	32.04	溶于水、乙醇、乙醚、苯等	有毒
乙醇	C_2H_5OH	46.07	与水及许多有机溶剂混溶	易燃
丙酮	CH_3COCH_3	58.08	与水、乙醇、氯仿、乙醚及多种油类混溶	挥发性强、易燃、有麻醉性
乙醚	$C_2H_5OC_2H_5$	74.12	微溶于水，易溶于浓盐酸，与苯、氯仿、石油醚及脂肪溶剂混溶	易挥发、易燃、有麻醉性
氯仿	$CHCl_3$	119.38	易溶于水，能与多种有机溶剂及油类混溶	易挥发
乙酸乙酯	$CH_3COOC_2H_5$	88.1	溶于水，与乙醇、氯仿、丙酮、乙醚混溶	易挥发、易燃烧
苯	C_6H_6	78.11	易溶于水，与乙醇、乙醚、氯仿等有机溶剂及油类混溶	极易燃、有毒
甲苯	$CH_3C_6H_5$	92.14	微溶于水，能与多种有机溶剂混溶	易燃、高浓度有麻醉作用
环己烷	$CH_3(CH_2)_4CH_3$	86.17	不溶于水，与乙醇、氯仿、乙醚混溶	易挥发、易燃、高浓度有燃烧作用
石油醚			不溶于水，能与多种有机溶剂混溶	有挥发性、极易燃烧

参 考 文 献

1 中国科学院上海植物生理研究所，上海市植物生理学会. 现代植物生理学实验指南［M］. 北京：科学出版社，1999.

2 李合生. 植物生理生化实验原理和技术［M］. 北京：高等教育出版社，2000.

3 邹琦. 植物生理生化实验指导［M］. 北京：中国农业出版社，1995.

4 西北农业大学植物生理生化教研室. 植物生理学实验指导［M］. 西安：陕西科学技术出版社，1987.

5 张志良，吴光耀. 植物生物化学技术和方法［M］. 北京：中国农业出版社，1986.

6 上海植物生理学会. 植物生理学实验手册［M］. 上海：上海科学技术出版社，1985.

7 涂大正. 植物生理学［M］. 长春：东北师范大学出版社，1989.

8 张石城，刘祖祺. 植物化学调控原理与技术［M］. 北京：中国农业科技出版社，1999.

9 何钟佩. 作物激素生理及化学控制［M］. 北京：中国农业大学出版社，1997.

10 李卓杰. 果蔬采后生理实验手册［M］. 广州：中山大学出版社，1998.

11 潘瑞炽. 植物生长延缓剂的生化效应［M］. 植物生理学通讯，1996，32(3).

12 肖琳，胡正元. 烯效唑对杂交水稻温室秧苗形态、生理特性及产量的影响［J］. 华北农学报，1999(4).

13 练得进. 烯效唑晚稻浸种和喷苗效果［J］. 植物医生，1999(6).

14 肖琳，胡雪竹. 化学调控对水稻形态、生理特性及产量的影响［J］. 信阳农业高等专科学校学报，2000，10(3).

15 张鸿，杨文钰. 烯效唑浸种对水稻秧苗的壮苗机理研究［J］. 西南农业大学学报，2002，15(4).

16 潘瑞炽，李玲. 植物生长发育的化学控制［M］. 广州：广东高等教育出版社，2002.

17 李凤英. 保鲜剂对非洲菊切花的保鲜效果及生理效应［J］. 广西师范大学学报(自然科学版)，2002，20(3)：79－82.

18 熊元，孙锐锋，王文华，等. 保鲜剂对非洲菊切花瓶插时间的影响［J］. 贵州农业科学，2001，29(6)：30－31.

19 廖立新，彭永宏，叶庆生. 非洲菊鲜切花弯颈部位及有关原因［J］. 园艺学报，2003，30(1)：110－112.

20 罗红艺，李金枝，景红娟. 含多效唑保鲜剂对非洲菊切花的保鲜效应［J］. 湖北农业科学，2003，(15)：80－81.

21 景红娟，罗红艺，李金枝. 含水杨酸和苯甲酸的保鲜剂对非洲菊切花的生理作用［J］. 华中师范大学学报(自然科学版)，2004，38(1)：98－100.

22 张志良，瞿伟菁. 植物生理学实验指导［M］. 北京：高等教育出版社，2003.

23 张龙翔，张庭芳，等. 生化实验方法和技术［M］. 北京：高等教育出版社，1981.